普通高等教育教材

生物工程基础实验指导

刘悦萍　葛秀秀　主编

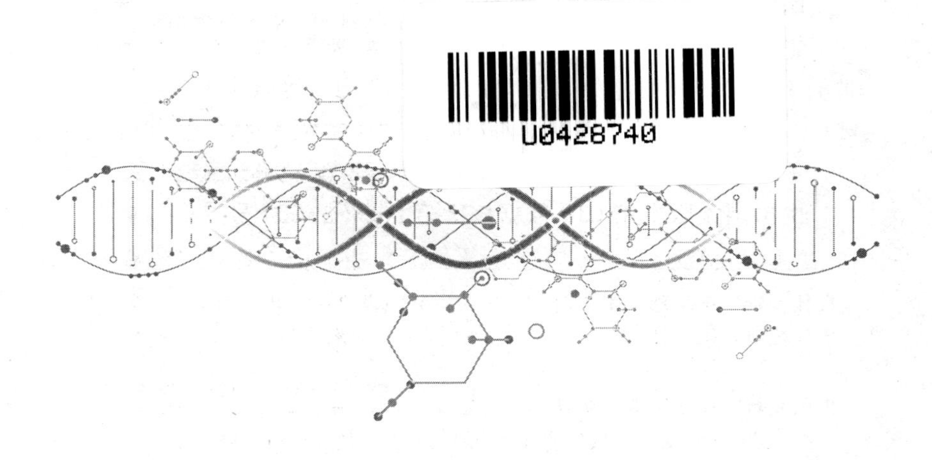

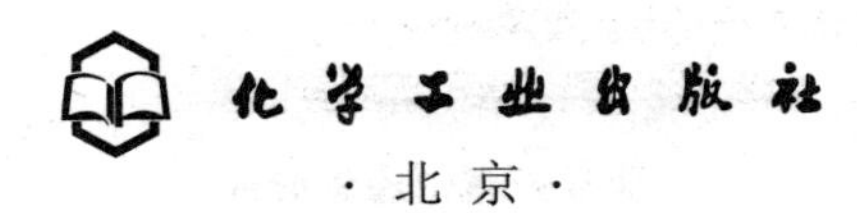

·北京·

内容简介

本教材由北京农学院生物与资源环境学院生物工程系及实验教学中心相关教师编写。全书内容共三章，分别为生物化学实验技术、分子生物学实验技术、细胞生物学实验技术。每章又分为基础实验、综合实验、创新实验三个层次的实验，涵盖了生物化学、分子生物学和细胞生物学的教学大纲要求，通过实验设计、实验材料、实验内容和实验操作等方面提升学生的理论知识、实践能力和创新能力。本教材在阐明相关实验内容的基础上，在附录中加入实验室安全相关知识等内容，增强教材的实用性。

本书可作为高等院校生物类各专业本科生和研究生生物化学、分子生物学、细胞生物学实验教材，也可供从事生物科学工作的有关人员参考。

图书在版编目（CIP）数据

生物工程基础实验指导 / 刘悦萍，葛秀秀主编. 北京 ：化学工业出版社，2025.2. --（普通高等教育教材）. -- ISBN 978-7-122-46882-6

Ⅰ. Q81-33

中国国家版本馆 CIP 数据核字第 2025S39C24 号

责任编辑：李　瑾　窦　臻　　装帧设计：王晓宇
责任校对：宋　玮

出版发行：化学工业出版社
（北京市东城区青年湖南街 13 号　邮政编码 100011）
印　　装：大厂回族自治县聚鑫印刷有限责任公司
787mm×1092mm　1/16　印张 8¾　彩插 1　字数 183 千字
2025 年 3 月北京第 1 版第 1 次印刷

购书咨询：010-64518888　　售后服务：010-64518899
网　　址：http://www.cip.com.cn
凡购买本书，如有缺损质量问题，本社销售中心负责调换。

定　　价：39.00 元

本书编审人员名单

主　　编　　刘悦萍　葛秀秀

副 主 编　　卜春亚　陈　青

编写人员（按姓氏笔画排序）

卜春亚（北京农学院）
王　飞（中牧实业股份有限公司）
王文平（北京农学院）
吕鹤书（北京农学院）
伊兆红（北京农学院）
刘悦萍（北京农学院）
刘雪连（北京大北农科技集团股份有限公司）
齐　鹏（中牧实业股份有限公司）
李　晶（北京农学院）
杨爱珍（北京农学院）
张　婧（北京农学院）
陈　青（北京农学院）
黄体冉（北京农学院）
葛秀秀（北京农学院）

主　　审　　马兰青（北京农学院）

前言

PREFACE

生物工程专业是一门综合性的工程学科，它结合了多学科的知识，以应用为导向，旨在解决生物医药、农业、环保、能源等领域的重大问题。生物化学、分子生物学和细胞生物学的理论和技术是生物工程专业的基础，生物化学实验技术为生物工程专业提供丰富的实验手段，如大分子的分离纯化、色谱技术和电泳技术等；分子生物学实验技术在生物工程领域有广泛的应用价值，如重组蛋白的表达、纯化和鉴定，菌种和细胞的改造等；细胞生物学实验技术在基因工程、蛋白质工程和细胞培养等生物工程领域发挥重要作用，如干细胞技术和组织工程等。本教材同时编入基础性、综合性和创新性三个层次的实验，以提高学生的实践能力和创新能力。

本教材分为三章，第一章为生物化学实验技术，第二章为分子生物学实验技术，第三章为细胞生物学实验技术。每章由三节内容构成，分别是基础实验、综合实验和创新实验。基础实验旨在选取学科中最基础、最代表学科特点的实验方法和技术，着重培养学生的基本实验技能。综合实验由多层次的实验内容和多种实验技术组成，主要培养学生对各个学科所学理论知识和实验技术的综合运用能力、独立动手能力及对实验结果的综合分析能力。创新实验是根据专业和学科发展新技术的不断涌现，将科研成果转化为教学实验，旨在培养学生的创新精神、实践能力和科学素养，有助于提高学生的综合素质，为学生的学术研究和职业发展奠定坚实的基础。

本教材由刘悦萍、葛秀秀主编，卜春亚、陈青副主编，具体编写分工如下：第一章的第一节由卜春亚、张婧、黄体冉编写，第二节由刘悦萍、黄体冉编写，第三节由吕鹤书编写；第二章的第一、第二节由李晶、杨爱珍、刘雪连编写，第三节由葛秀秀、杨爱珍编写；第三章的第一、第二节由陈青、黄体冉、齐鹏编写，第三节由伊兆红、王飞编写。附录由王文平编写。初稿完成后，编写人员互相审阅修改，由刘悦萍、葛秀秀、卜春亚和陈青统稿。全书由马兰青主审。

由于编者水平所限，书中不足之处在所难免，恳请广大读者批评指正。

编　者

2024 年 10 月

目录

CONTENTS

第一章　生物化学实验技术

第一节　生物化学基础实验

【学习导图】

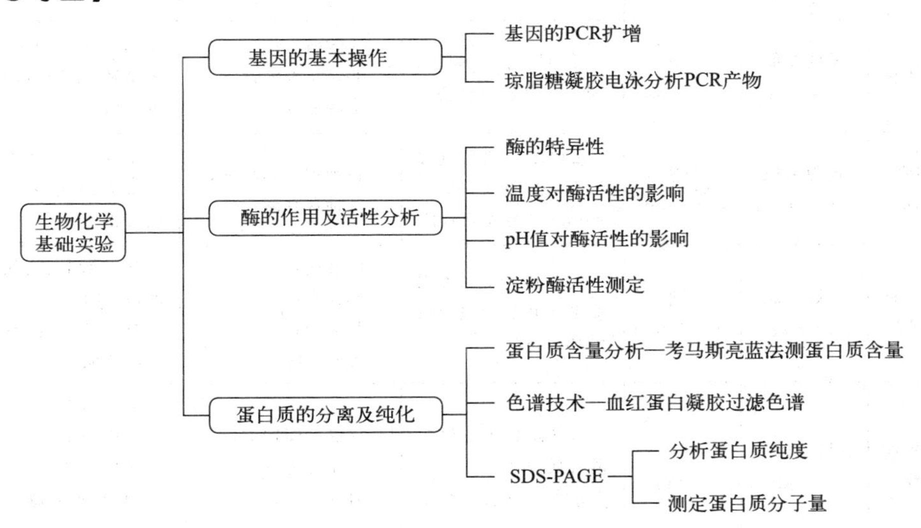

实验一

考马斯亮蓝 G-250 染料结合法测定水溶性蛋白质含量

一、实验目的

1. 理解蛋白质含量测定的原理。
2. 掌握生物材料水溶性蛋白质总含量的定量测定方法。

二、实验原理

蛋白质含量的测定方法，是生物化学研究中最常用、最基本的分析方法之一。目前最常见的方法有：双缩脲法（Biuret 法）、Folin-酚试剂法（Lorry 法）、考马斯亮蓝法（Bradford 法）、紫外吸收法和凯氏定氮法等。其中，考马斯亮蓝法和Folin-酚试剂法灵敏度最高，比紫外吸收法灵敏 10～20 倍，比双缩脲法灵敏 100 倍以上。

值得注意的是，这些蛋白质含量测定方法并不是在任何条件下都适用，不同测定方法的干扰物质，以及不同测定方法的优缺点见表 1-1。凯氏定氮法和双缩脲法适用于毫克级蛋白质的测定，Folin-酚试剂法易受样品中芳香族氨基酸含量的影响，可以根据实际情况，选用不同的测定方法。考马斯亮蓝法，因操作简单便捷、灵敏度高，正得到越来越广泛的应用。

表 1-1　蛋白质含量测定方法的比较

方法	灵敏度	时间	原理	干扰物质	说明
凯氏定氮法	灵敏度低 0.2～1.0mg 误差±2%	费时 8～10h	蛋白氮转化为氨，酸吸收后滴定	非蛋白氮（可用三氯乙酸沉淀蛋白质而分离）	用于标准蛋白质含量的准确测定；干扰少；费时太长
双缩脲法	灵敏度低 1～20mg	中速 20～30min	多肽键＋碱性 Cu^{2+}→紫色络合物	硫酸铵； Tris 缓冲液； 某些氨基酸	用于快速测定，但不太灵敏；不同蛋白质显色相似
紫外吸收法	较为灵敏 50～100μg	快速 5～10min	蛋白质中的酪氨酸和色氨酸残基在 280nm 处有光吸收值	各种嘌呤和嘧啶； 各种核苷酸	用于色谱柱流出液的检测；核酸的吸收可以校正
Folin-酚试剂法	灵敏度高 1～5μg	慢速 40～60min	双缩脲反应；磷钼酸-磷钨酸试剂被 Tyr 和 Phe 还原	硫酸铵； Tris 缓冲液； 甘氨酸； 各种硫醇	耗费时间长；操作要严格计时； 颜色深浅随不同蛋白质变化
考马斯亮蓝法	灵敏度最高 1～5μg	快速 5～15min	考马斯亮蓝染料与蛋白质结合，其 λ_{max} 由 465nm 变为 595nm	强碱性缓冲液； Triton X-100 SDS	最好的方法； 干扰物质少； 颜色稳定； 颜色深浅随不同蛋白质变化

考马斯亮蓝 G-250 在游离状态下呈红色，与蛋白质结合后则呈现蓝色。与蛋白质结合后，染料的最大吸收峰从 465nm 变为 595nm，蛋白质-染料复合物在 595nm 处具有较大的光吸收值，蛋白质测定的灵敏度较高，最低检出量为 1μg 蛋白质。本方法操作简便快捷，灵敏度高，测定范围为 1～1000μg。

三、实验材料、试剂与设备

（一）实验材料

新鲜的植物材料。

（二）实验试剂

1. 标准牛血清蛋白溶液（0.1mg/ml）：称取牛血清蛋白 25mg，加水溶解并定容至100ml，吸取上述溶液40ml，用蒸馏水稀释至100ml即可。

2. 考马斯亮蓝G-250溶液：称取100mg考马斯亮蓝G-250，溶于50ml 90%的乙醇中，加入100ml 0.85g/ml的磷酸，混合摇匀，再用蒸馏水定容到1L，贮于棕色瓶中，常温下可保存一个月。如有沉淀，可过滤后使用。

（三）实验设备

722分光光度计、天平、离心机、研钵、容量瓶、试管、移液管和漏斗等。

四、实验步骤

（一）样品的提取

准确称取鲜样2g，用少量蒸馏水在冰浴中研成匀浆，转移到50ml容量瓶中并定容。冷冻离心机8000r/min离心10min，小心取上清液作为蛋白质含量测定的样品待用。

（二）标准曲线的绘制

取8支具塞试管，按表1-2所示加入试剂，其中1～6号为不同浓度梯度的标准蛋白质管，7～8号为待测样品管，为重复管。根据具体情况，每个样品可以设置1～4个重复，以提高测量的准确度。

表1-2　不同蛋白质含量测定溶液配制

试剂	管号							
	1	2	3	4	5	6	7	8
标准牛血清蛋白溶液/ml	0	0.2	0.4	0.6	0.8	1.0	0	0
样品提取液/ml	0	0	0	0	0	0	0.2	0.2
蒸馏水量/ml	1.0	0.8	0.6	0.4	0.2	0	0.8	0.8
G-250试剂/ml	5	5	5	5	5	5	5	5

将上面8支试管摇匀，放置5min后，用分光光度计以1号管溶液为空白对照，进行调零，用1cm光径比色杯在595nm下比色，记录各样品的吸光度值。

按表1-3所示，以蛋白质含量（μg）为横坐标，以吸光度值（A）为纵坐标，绘制标准曲线。根据样品的吸光度值，通过标准曲线计算待测样品的蛋白质含量。

表1-3　不同蛋白质溶液蛋白质含量测定数据

管号	1	2	3	4	5	6	7	8
蛋白质含量/μg	0	20	40	60	80	100	x	x
595nm吸光度值								

注：蛋白质含量是计算获得的不同蛋白质溶液的蛋白质含量。

五、实验结果

样品蛋白质含量的测定：

$$样品中蛋白质含量(\mu g/g)=\frac{CV_T}{V_S W_F}$$

式中 C——查表所得标准曲线值，μg；

V_T——提取液总体积，ml；

V_S——测定时加样量，ml；

W_F——样品鲜重，g。

六、思考题

1. 提取样品时，为什么要在冰浴中研磨？
2. 测定蛋白质含量，为什么要绘制标准曲线？
3. 标准牛血清蛋白溶液，为什么要准确移取？
4. 测定蛋白质含量时，如果7号和8号管吸光度值差异比较大，应如何处理？
5. 考马斯亮蓝G-250与考马斯亮蓝R-250有何区别？

实验二

酶的特异性及温度和pH值对酶活性的影响

子实验一 酶的特异性对酶活性的影响

一、实验目的

1. 理解酶催化底物的专一性。
2. 掌握测定酶底物专一性的实验设计。

二、实验原理

酶具有高度的特异性，一种酶只能催化一种底物或某一类底物，如淀粉酶只能催化淀粉，而不能催化蔗糖。本实验以唾液淀粉酶能水解淀粉但不能水解蔗糖，来说明酶具有底物专一性。

三、实验材料、试剂与设备

（一）实验材料

唾液淀粉酶的制备：用烧杯取蒸馏水或自来水，含于口中，1～2min后吐入50ml烧杯中，备用。

（二）实验试剂

1. 0.3% NaCl：称取0.3g NaCl溶于适量蒸馏水中，然后加蒸馏水定容至100ml。

2. 0.5%淀粉溶液（用0.3% NaCl配制）：称取0.5g可溶性淀粉于100ml小烧杯中，用少量0.3% NaCl溶液搅匀后，加入到煮沸的0.3% NaCl溶液中搅匀，达到完全溶解即可，然后定容至 100ml，现用现配。

3. 0.5%蔗糖液：称取 0.5g 蔗糖溶于适量蒸馏水中，然后加蒸馏水定容至 100ml。

4. Benedict 试剂

A 液：取 $CuSO_4$ 17.3g，溶于 100ml 热蒸馏水中，冷却后稀释至 150ml。

B 液：取柠檬酸钠 173g 和 Na_2CO_3（无水）100g，加水 600ml，加热使之溶解，冷却后稀释至 850ml。

C 液：将 A 液缓慢注入 B 液中，混匀备用（可长期保存）。

（三）实验设备

天平、容量瓶、试管、移液管和漏斗等。

四、实验步骤

1. 取试管两支，一支加入 0.5%淀粉溶液 2ml，另一支加入 0.5%蔗糖溶液 2ml。
2. 于两支试管中，分别加入制备好的唾液 1ml。
3. 将两支试管迅速混匀后，同时放入 37℃恒温水浴箱中保温。
4. 15min 后，取出两支试管，分别加入 Benedict 试剂 1ml。
5. 将两支试管同时放入沸水中煮沸 6min。
6. 取出两支试管，观察结果。

五、实验结果

观察并记录（见表 1-4）试管颜色的变化，注意有无砖红色沉淀产生，解释现象。

表 1-4　唾液淀粉酶底物专一性实验结果

管号	1	2
有无砖红色沉淀		
解释现象		

六、思考题

1. 唾液淀粉酶的专一性底物是什么？
2. 什么成分与 Benedict 试剂发生了反应？
3. 有的同学没有观察到红色沉淀的产生，试分析原因。

子实验二　温度对酶活性的影响

一、实验目的

1. 理解温度对酶活性的影响。
2. 掌握确定酶催化反应最适温度的测定方法。

二、实验原理

酶促反应同一般化学反应一样都需要在一定的温度下进行，使酶促反应速率最大时的温度称为此酶的最适温度。低于此温度，酶促反应速率缓慢；高于最适温度，酶蛋白易变性失活。本实验以唾液淀粉酶在不同温度下分解淀粉的速率不同为例，说明温度对酶活性的影响。

三、实验材料、试剂与设备

（一）实验材料

唾液淀粉酶的制备：用烧杯取蒸馏水或自来水，含于口中，1～2min 后吐入 50ml 烧杯中，备用。

（二）实验试剂

1. 0.5%淀粉溶液（0.3%NaCl）：同本实验“子实验一”中内容。

2. 碘液（KI-I 溶液）：称取碘 1.1g，碘化钾 2.2g，先将碘化钾溶于少量蒸馏水中，然后加入碘使之完全溶解，再加入蒸馏水定容至 50ml。配制好后贮存于棕色瓶内备用，如变为黄色则不能使用。

（三）实验设备

容量瓶、试管、移液管和漏斗等。

四、实验步骤

1. 取三支试管分别编号（管 1，管 2，管 3），同时分别加入 5ml 0.5%淀粉溶液及 1ml 唾液，迅速混匀。

2. 将管 1、管 2、管 3 分别同时迅速放入冰浴、37℃水浴、沸水浴中。

3. 15min 后，取出各管，分别加入碘液数滴，观察结果。

五、实验结果

观察并记录（见表 1-5）各试管颜色变化，解释此现象。

表 1-5　温度对唾液淀粉酶活性影响实验结果

管号	1	2	3
颜色变化			
解释现象			

六、思考题

1. 碘液加入过多会出现什么现象？

2. 唾液淀粉酶在不同温度条件下，会发生什么变化？

3. 淀粉和唾液的量对实验结果有影响吗？

子实验三　pH 值对酶活性的影响

一、实验目的

1. 理解 pH 值对酶活性的影响。
2. 掌握酶催化反应最适 pH 值的测定方法。

二、实验原理

在一定条件下，酶活性最高时的 pH 值称为最适 pH 值，偏离此 pH 值，酶活性就会有所下降。不同酶的最适 pH 值不同，例如胃蛋白酶的最适 pH 值为 1.5～2.5，胰蛋白酶的最适 pH 值为 8 等。

本实验以唾液淀粉酶（最适 pH6.8）在不同 pH 值条件下水解淀粉的速率不同为例，说明 pH 值对酶活性的影响。

三、实验材料、试剂与设备

（一）实验材料

唾液淀粉酶的制备：用烧杯取蒸馏水或自来水，含于口中，1～2min 后吐入 50ml 烧杯中，备用。

（二）实验试剂

1. pH1.5 溶液：取 $Na_2HPO_4 \cdot 2H_2O$ 溶液（0.2mol/L）41.2ml 加入 0.1mol/L 柠檬酸 38.8ml，然后用浓 HCl 调至 pH1.5 左右。

2. pH6.8 溶液：取 $Na_2HPO_4 \cdot 2H_2O$ 溶液（0.2mol/L）61.8ml 加入 0.1mol/L 柠檬酸溶液 18.2ml。

3. pH9.8 溶液：取 $Na_2HPO_4 \cdot 2H_2O$ 溶液（0.2mol/L）77.8ml 加入 0.1mol/L 柠檬酸溶液 2.2ml，然后用 0.1mol/L NaOH 调至 pH9.8。

4. 0.5%淀粉溶液（0.3%NaCl）：同本实验“子实验一”中内容。

5. KI-I 溶液：同本实验“子实验二”中内容。

（三）实验设备

容量瓶、试管、移液管和漏斗等。

四、实验步骤

1. 取试管 3 支分别编号，按表 1-6，同时依次加入各试剂。

2. 3 支试管立即同时放入 37℃恒温水浴箱内保温。

3. 15min 后，取出 3 支试管，分别加入碘试剂数滴，每加 1 滴，注意摇匀，观察结果。

表 1-6　酶催化反应溶液的配制

试管号	0.5%淀粉	pH1.5 溶液	pH6.8 溶液	pH9.8 溶液	唾液
1	2ml	1ml	0	0	1ml
2	2ml	0	1ml	0	1ml
3	2ml	0	0	1ml	1ml

五、实验结果

观察并记录各试管颜色变化，并解释此现象，见表 1-7。

表 1-7　pH 值对唾液淀粉酶活性影响实验结果

试管号	1	2	3
颜色变化			
解释现象			

六、思考题

1. 唾液淀粉酶在不同 pH 值条件下，催化活性有何变化？解释原因。
2. 本实验为什么要求加完试剂混匀后，立即放入 37℃恒温水浴箱内保温？
3. 表格中试剂的移取是否需要注意先后顺序，为什么？

实验三
淀粉酶活性的测定

一、实验目的

1. 理解淀粉酶活性测定的原理。
2. 掌握酶活力测定的方法。

二、实验原理

酶活力（enzyme activity）是指酶催化某一化学反应的能力。酶活力的大小可以表示为酶在一定条件下催化某一化学反应的速率。酶催化的反应速率愈高，酶的活力也愈大。因此，测定酶活力就是测定酶促反应速率。酶促反应速率可以表示为在一定条件下单位时间内底物的减少量或产物的增加量。

淀粉酶水解淀粉生成麦芽糖，麦芽糖可用 3,5-二硝基水杨酸试剂测定。由于麦芽糖能将 3,5-二硝基水杨酸（亮黄色）还原生成 3-氨基-5-硝基水杨酸的显色基团（呈棕色），在 520nm 波长处有吸收峰，在一定范围内其棕色的深浅与麦芽糖的浓度成正比，故可根据在 520nm 波长下的 A 值间接求出麦芽糖的含量。

在最适反应条件下，以单位时间内淀粉酶水解淀粉生成的产物麦芽糖的质量数

（毫克）表示淀粉酶活性的大小。

三、实验材料、试剂与设备

（一）实验材料

萌发的小麦（芽长 1cm 左右）。

（二）实验试剂

1. 1%淀粉溶液：称取 1g 可溶性淀粉溶于少量 pH 5.6 的柠檬酸缓冲液中，搅匀后，加入到煮沸的柠檬酸缓冲液中，达到完全溶解即可，然后定容至 100ml，现用现配。

2. 0.4mol/L NaOH：称取 16g 氢氧化钠溶于适量蒸馏水中，然后加蒸馏水定容至 1000ml。

3. pH 5.6 的柠檬酸缓冲液：

（1）称取柠檬酸 20.01g，溶解后稀释至 1L。

（2）称取柠檬酸钠 29.41g，溶解后稀释至 1L。

（3）取（1）液 13.7ml 与（2）液 26.3ml 混匀，即为 pH 5.6 的缓冲液。

4. 3,5-二硝基水杨酸：精确称取 3,5-二硝基水杨酸 1g 溶于 20ml 1mol/L 氢氧化钠中，加入 50ml 蒸馏水，再加入 30g 酒石酸钾钠，待溶解后，用蒸馏水定容至 100ml，盖紧瓶塞，勿使二氧化碳进入，贮存于棕色试剂瓶中备用。

5. 麦芽糖标准液（1mg/ml）：称取麦芽糖 0.100g 溶于少量蒸馏水中，移入 100ml 容量瓶中，用蒸馏水定容至刻度。

（三）实验设备

722 分光光度计、天平、离心机、水浴锅、研钵、容量瓶、试管、移液管、三角瓶和漏斗等。

四、实验步骤

（一）酶提取液的制备

称取 0.4g 萌发的小麦种子（芽长 1cm 左右），置于研钵中，用少量的蒸馏水磨成匀浆，转移到 100ml 容量瓶中，用蒸馏水稀释至刻度，摇匀，8000r/min 离心 5～10min，取上清液备用，即酶提取液。

（二）α 及 β-淀粉酶总活性的测定

1. 酶水解液的制备

取 4 支小试管分别标号，①②号为对照管，③④号为测定管，按表 1-8 加入试剂（反应时间要准确）。

表 1-8　酶水解液的制备

管号	①	②	③	④
酶提取液/ml	1	1	1	1

续表

管号	①	②	③	④
缓冲液/ml	1	1	1	1
NaOH(0.4mol/L)/ml	4	4	0	0
50℃预保温5min(另取一大试管加入10ml淀粉溶液同时保温),预保温后,从大试管中取已预热的淀粉溶液分别加入①～④号试管				
1%淀粉溶液/ml	2	2	2	2
50℃准确保温5min				
NaOH(0.4mol/L)/ml	0	0	4	4

2. 酶水解液麦芽糖含量的测定

按表1-9在11支大试管中依次加入试剂，1～7号管为麦芽糖含量标准曲线测定管，①②号管为酶水解液麦芽糖含量测定的对照管，③④号管为酶水解液麦芽糖含量测定的样品管。

①～④号管的酶水解液分别来自表1-8中①～④号小试管淀粉酶水解反应完成后的溶液。如果条件允许，每个样品可以设置1～4个重复，以提高测定的准确度。

表1-9　酶水解液麦芽糖含量测定溶液的配制

管号	1	2	3	4	5	6	7	①	②	③	④
麦芽糖(1mg/ml)/ml	0	0.2	0.6	1.0	1.4	1.8	2.0	0.0	0.0	0.0	0.0
蒸馏水/ml	2.0	1.8	1.4	1.0	0.6	0.2	0.0	—	—	—	—
酶水解液/ml	—	—	—	—	—	—	—	2.0	2.0	2.0	2.0
3,5-二硝基水杨酸/ml	2	2	2	2	2	2	2	2	2	2	2

按表1-9依次加入试剂后，充分混匀，放入沸水浴中准确煮沸5min，取出冷却，用蒸馏水稀释至25ml，用分光光度计在520nm波长下进行比色，记录A值。

按表1-10所示，以1～7号管的A值为纵坐标，以相应管的麦芽糖含量（mg）为横坐标绘制标准曲线；根据①～④号管酶水解液测定的A值，查麦芽糖标准曲线，计算酶水解液的麦芽糖含量，然后进行结果计算。

表1-10　酶水解液麦芽糖含量测定数据

管号	1	2	3	4	5	6	7	①	②	③	④
麦芽糖含量/mg	0	0.2	0.6	1.0	1.4	1.8	2.0				
520nm吸光度值											

注：麦芽糖含量是指计算获得的不同溶液的麦芽糖含量。

五、实验结果

α,β-淀粉酶总活性［mg麦芽糖/(g鲜重·min)］

$$=\frac{(B-B')\times \text{样品稀释倍数}}{\text{样品重(g)}\times t\text{(5min)}}$$

式中　B——酶水解液测定的样品管的麦芽糖含量；

B'——酶水解液测定的对照管的麦芽糖含量。

样品重为0.4g。

$$样品稀释倍数=8/2\times100/1=400$$

六、思考题

1. 淀粉酶水解淀粉反应为什么要求预保温？
2. 淀粉酶水解淀粉反应为什么要准确计时？
3. 表1-8中酶提取液和表1-9中酶水解液分别指的是什么？

实验四
血红蛋白的凝胶过滤色谱

一、实验目的

1. 理解凝胶过滤色谱的原理。
2. 掌握柱色谱分离纯化方法。

二、实验原理

凝胶过滤（gel filtration）是一种利用凝胶介质，按照分子大小分离物质的色谱方法，又称分子筛色谱（molecular sieve chromatography）或排阻色谱（exclusion chromatography）。

1. 凝胶介质

目前常用于凝胶过滤的凝胶类介质主要有4大类，即葡聚糖凝胶（sephadex）、琼脂糖凝胶（sepharose）、聚丙烯酰胺凝胶（bio-gel）和琼脂糖-聚丙烯酰胺混合凝胶等色谱介质。它们都是不溶于水的聚合物，内部具有很微细的多孔网状结构。以葡聚糖凝胶为例，它是由一定平均分子量的葡聚糖与环氧氯丙烷交联生成的聚合物，网眼的大小由葡聚糖的分子量与环氧氯丙烷的用量来控制。葡聚糖的分子量越大，环氧氯丙烷用量越大，则交联度越大，凝胶的网眼越小。葡聚糖凝胶有很强的亲水性，在水或缓冲液中能吸水膨胀。交联度越大，网眼越小，吸水量也越小。实际工作中常用每克干胶吸水量（ml）的10倍（G值）表示葡聚糖凝胶的交联度，可根据被分离物质分子的大小和工作目的，选择适合的凝胶型号。

2. 凝胶过滤色谱的原理

凝胶过滤色谱是把样品加到充满凝胶颗粒的色谱柱中，然后选择适当的缓冲液进行洗脱。凝胶本身是一种分子筛，凝胶颗粒有一定的孔径，它可以把待分离样品按分子大小不同进行分离，就像过筛，可以把大颗粒与小颗粒分开。但这种过筛与普通的过筛不同，凝胶过滤的主要装置是填充有凝胶颗粒的色谱柱。

将凝胶颗粒在适宜溶剂中浸泡，使其充分吸收膨胀，然后装入色谱柱中，加入待分离的混合物，然后用同一溶剂洗脱，在洗脱过程中颗粒直径接近和大于凝胶颗粒网孔直径的大分子，不能进入凝胶颗粒中的静止相，只能留在凝胶颗粒之间的流动相中，因此先流出色谱柱；反之，小分子则可自由出入凝胶颗粒，因而流速慢以致最后流出柱外，从而使样品中分子大小不同的物质得到分离，见图 1-1。

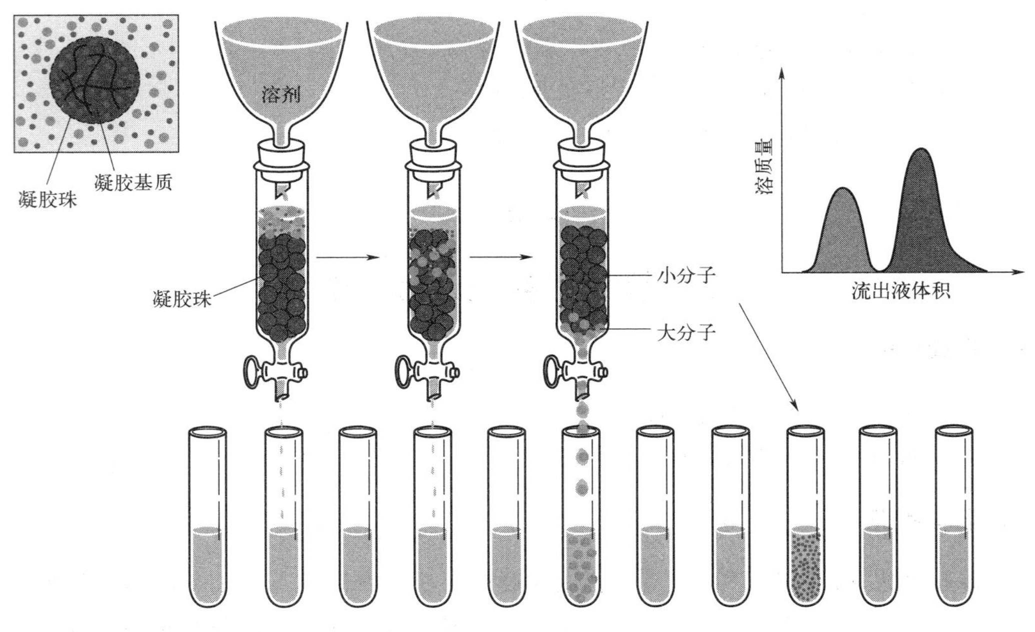

图 1-1 凝胶过滤色谱示意图（见彩图）

本实验利用凝胶过滤的特点，先向色谱柱中加入 $FeSO_4$ 溶液，形成一个还原带，然后加入血红蛋白样品（血红蛋白与高铁氰化钾的混合液）。由于血红蛋白分子量大，在凝胶柱床中流速快，当其流经还原带时，褐色的高铁血红蛋白立即变为紫红色的亚铁血红蛋白。亚铁血红蛋白继续下移，与缓冲液溶解的 O_2 结合，形成鲜红色的氧合血红蛋白。铁氰化钾是小分子量化合物，呈黄色条带远远地落在后边。这样，就可以形象直观地观察到凝胶过滤的分离效果。

3. 凝胶过滤色谱的优点及用途

凝胶过滤色谱操作条件温和，适于分离不稳定的化合物；凝胶颗粒不带电荷，不与被分离物质发生反应，因而溶质回收率接近 100%；而且设备简单、操作方便、分离效果好、重现性强，凝胶柱可反复使用。所以，凝胶过滤色谱常用于测定分子量、脱盐、蛋白质等大分子的分离纯化。

三、实验材料、试剂与设备

（一）实验材料

抗凝血材料。

（二）实验试剂

1. 磷酸盐缓冲液（pH 7.0）：称取 $Na_2HPO_4 \cdot 2H_2O$ 172g、$NaH_2PO_4 \cdot 2H_2O$ 1.076g，溶于蒸馏水中，定容至 1000ml。

2. EDTA-Na_2-Na_2HPO_4 溶液：称取 2.69g EDTA-Na_2、3.56g $Na_2HPO_4 \cdot 2H_2O$，加蒸馏水溶解并定容至 100ml。

3. 40mmol/L $FeSO_4$ 溶液：称取 $FeSO_4 \cdot 7H_2O$ 1.11g 溶于 100ml 水中（用时现配）。

4. Sephadex G-25。

5. 固体铁氰化钾［$K_3Fe(CN)_6$］。

（三）实验设备

色谱柱（ϕ1cm×40cm）、真空泵、真空干燥器、抽滤瓶和恒温水浴锅等。

四、实验步骤

（一）凝胶溶胀

称取 10g Sephadex G-25，加 200ml 蒸馏水充分溶胀（在室温下约需 6h 或在沸水浴中溶胀 5h）。待凝胶溶胀平衡后，倾斜倒去细小颗粒，再加入与凝胶等体积的 pH 7.0 磷酸盐缓冲液，在真空干燥器中减压除气，准备装柱。

（二）装柱

将色谱柱垂直固定，旋紧柱下端的螺旋夹，在柱内加入少量磷酸盐缓冲液，直接把处理好的凝胶连同适当体积的缓冲液用玻璃棒搅匀，然后边搅拌边倒入色谱柱中，同时开启螺旋夹，控制一定流速。最好连续装完凝胶，若分次装入，需用玻璃棒轻轻搅动柱床上层凝胶，以免出现界面影响分离效果。装柱后形成的凝胶床至少长 30cm，使胶床表面保持 2～3cm 溶液层。

注意：整个操作过程中凝胶必须处于溶液中，不得暴露于空气，否则将出现气泡和断层，应当重新装柱。

（三）平衡

继续用磷酸盐缓冲液洗脱，调整缓冲液流速，平衡 20～30min。

（四）样品制备

1. 取 1ml 鸡的抗凝血放入小烧杯中，加 5ml pH7.0 的磷酸盐缓冲液，再加入 27.5mg $K_3Fe(CN)_6$ 固体，用玻璃棒搅动使其溶解，即得褐色的高铁血红蛋白溶液。

2. 吸取 1ml $FeSO_4$ 溶液和 1ml EDTA-Na_2-Na_2HPO_4 溶液，于小烧杯中混匀。（注意：还原剂混合液要新鲜配制，尽可能缩短其与空气的接触时间）

（五）上样

旋开色谱柱上端旋扭，待胶床上部的缓冲液几乎全部进入凝胶（即缓冲液液面与胶床平面相切）时，立即加入 0.4ml 上述还原剂混合液，待其进入胶床表面仅留约

1mm 液层时，加入 0.5ml pH7.0 的磷酸盐缓冲液，再当胶床表面仅留约 1mm 液层时，吸取 0.5ml 褐色的高铁血红蛋白样品溶液，小心地注入色谱柱胶床面中央，注意切勿冲动胶床。慢慢打开螺旋夹，待大部分样品进入胶床、床面上仅有 1mm 液层时，用滴管加入少量缓冲液，使剩余样品进入胶床，然后用滴管小心加入 3～5cm 高的洗脱缓冲液。

（六）洗脱

继续用磷酸盐缓冲液洗脱，调整流速，使上下流速同步保持每分钟约 6 滴，用玻璃试管收集红色的血红蛋白条带。

（七）凝胶的回收

实验完毕用洗脱液把柱内有色物质洗脱干净，保留凝胶柱重复使用或回收凝胶。

五、实验结果

1. 观察并记录实验现象，记录红色的血红蛋白和黄色的铁氰化钾洗脱所需的时间。

2. 用分光光度计在光谱模式下，测定褐色的高铁血红蛋白溶液（稀释 5～20 倍）和洗脱下来的血红蛋白溶液（稀释 2～5 倍）在 200～700nm 波长范围内的吸收峰，分析两者谱图的区别，并说明原因。

六、思考题

1. 凝胶过滤色谱装柱的注意事项有哪些？
2. 血红蛋白凝胶过滤色谱上样液的先后顺序如果反了，会出现什么现象？为什么？
3. 血红蛋白凝胶过滤色谱后谱图的特点有哪些？
4. 洗脱样品时，为什么需要控制洗脱速度，不宜过快或过慢？
5. 上样时为什么要控制上样体积，不宜过大？
6. 上样时为什么要保持胶面平整？

实验五

SDS-聚丙烯酰胺凝胶电泳法测定蛋白质分子量

一、实验目的

1. 理解 SDS-聚丙烯酰胺凝胶电泳测定蛋白质分子量的基本原理。
2. 掌握 SDS-聚丙烯酰胺凝胶电泳法测定蛋白质分子量的实验技术。

二、实验原理

聚丙烯酰胺凝胶电泳测定蛋白质分子量的方法，主要是根据各蛋白质组分的分子大小和形状以及所带净电荷多少等因素所造成的电泳迁移率的差异。在聚丙烯酰胺凝胶系统中，加入一定量的十二烷基硫酸钠（sodium dodecyl sulfate，SDS），使蛋白质样品与SDS结合形成带负电荷的复合物，此时，蛋白质分子的电泳迁移率主要取决于其分子量大小，而其他因素对电泳迁移率的影响几乎可以忽略不计。由于复合物分子量的不同，在电泳中表现为不同的迁移率。根据标准蛋白质样品在电泳中的迁移率和分子量所作的标准曲线，就可以推算出被测蛋白质样品分子量的近似值。

当蛋白质的分子量在15000～200000之间时，电泳迁移率与分子量的对数呈直线关系，符合下列方程式：

$$\lg M_W = -b \cdot M_r + K$$

式中 M_W——蛋白质分子量；

M_r——相对迁移率；

b——斜率；

K——截距。

在条件一定时，b和K均为常数。将已知分子量的标准蛋白质的迁移率对分子量的对数作图，可获得相应的标准曲线。未知蛋白质在相同条件下进行电泳，根据它的电泳迁移率即可在标准曲线上求得分子量。有人对37种不同的已知分子进行测定，获得较好的结果（见图1-2）。

采用SDS-聚丙烯酰胺凝胶电泳法测定蛋白质的分子量简便、快速、重复性好；只需要廉价的设备和微克级的蛋白质样品；在分子量为15000～200000Da的范围内所测得的结果与用其他方法测得的分子量相比，误差一般不超过10%。因此近年来，用SDS-聚丙烯酰胺凝胶电泳测定蛋白质分子量的方法已得到迅速发展和非常广泛的应用。

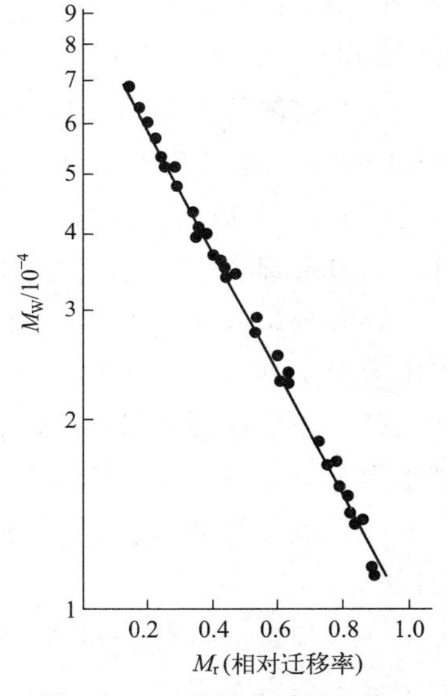

图1-2 37种蛋白质的电泳迁移率对分子量图

注：分子量范围为11000～70000Da，10%凝胶，pH 7.2 SDS-磷酸盐缓冲系统

三、实验材料、试剂与设备

（一）实验试剂

1. 试剂

标准蛋白质分子量（根据待测蛋白质分子量的大小，选择4～6种已知分子量的蛋白质纯品作为标准蛋白质）、甘氨酸、三羟甲基氨基甲烷（trihydroxymethyl aminomethane）、HCl、十二烷基硫酸钠（SDS）、N，N，N'，N'-四甲基乙二胺（TEMED）、二硫苏糖醇（DTT）、过硫酸铵（AP）、丙烯酰胺（acrylamide）、亚甲基双丙烯酰胺（bisacrylamide）、乙醇、乙酸、三氯乙酸、考马斯亮蓝R-250。

2. 试剂的配制

（1）1%（体积分数）TEMED溶液：取1ml N，N，N'，N'-四甲基乙二胺

(TEMED)，加蒸馏水稀释至100ml，置棕色瓶中，放4℃冰箱贮存。

(2) 0.1g/ml过硫酸铵：称取过硫酸铵 $(NH_4)_2S_2O_8$（简称AP）5g，溶于50ml蒸馏水中（用前配制）。

(3) 蛋白质样品溶解液：

先配制0.05mol/L pH 8.0 Tris-HCl缓冲液：称取0.61g *N*-三羟甲基氨基甲烷（简称Tris)，加入50ml蒸馏水使之溶解，再加入3ml 1mol/L的HCl，混匀后用pH计调至pH 8.0，最后加蒸馏水定容至100ml。

样品溶解液：含1% SDS、1%二硫苏糖醇（DTT)、10%甘油、0.02%溴酚蓝的0.05mol/L pH 8.0 Tris-HCl缓冲液。

配制方法：SDS 0.1g，二硫苏糖醇（DTT）0.1g，甘油1.0ml，溴酚蓝0.002g，0.05mol/L pH 8.0 Tris-HCl缓冲液2ml，加蒸馏水至总体积10ml。

(4) 待测标准蛋白质样品溶液：称取0.01～0.015g标准蛋白质样品，分别溶于10ml SDS-不连续系统蛋白质样品溶解液中。

(5) 凝胶储液：称取291g丙烯酰胺（acrylamide)，9.0g亚甲基双丙烯酰胺（bisacrylamide)，加蒸馏水定容至1000ml。

(6) 分离胶缓冲液：363g Tris，480ml 1mol/L HCl（41.38ml浓盐酸)，加蒸馏水定容至1000ml，pH 8.9。

(7) 浓缩胶缓冲液：59.8g Tris，480ml 1mol/L HCl（41.38ml浓盐酸)，加蒸馏水定容至1000ml，pH 6.7。

(8) 电极缓冲液：1g SDS，6g Tris，28.8g甘氨酸，加蒸馏水定容至1000ml，pH 8.3。

(9) 固定液：分别量取100ml冰乙酸，450ml 95%乙醇（427.5ml无水乙醇)，加蒸馏水定容至1000ml。

(10) 考马斯亮蓝R-250染色液：称取0.25g考马斯亮蓝R-250，依次加入450ml 95%乙醇（427.5ml无水乙醇）和100ml冰乙酸，然后加蒸馏水定容至1000ml，混匀，滤纸过滤后备用。

(11) 脱色液：70ml冰乙酸，200ml无水乙醇，混匀，加蒸馏水定容至1000ml。

（二）实验设备

垂直板型电泳槽、直流稳压电源（电压300～600V，电流50～100mA)、50μl或100μl微量注射器、玻璃板、水浴锅和染色槽等。

四、实验步骤

（一）凝胶板的制备

SDS-不连续系统垂直凝胶板的制备过程如下。

1. 制板

选取洗净烘干的玻璃板垂直放入制胶架上。玻璃板底部封闭，封闭的方法根据具体条件而定。

2．配胶

根据所测蛋白质分子量范围，选择某一合适的分离胶浓度，按照表 1-11 所列的凝胶浓度、试剂用量和加样顺序，配制某一合适浓度的凝胶。

表 1-11　分离胶的配制

试剂	凝胶浓度				
	7%	10%	12%	15%	18%
凝胶储液/ml	3.5	5.0	6.0	7.5	9.0
分离胶缓冲液/ml	3.8	3.8	3.8	3.8	3.8
双蒸水/ml	7.5	6.0	5.0	3.5	2.0
10%SDS/ml	0.15	0.15	0.15	0.15	0.15
TEMED/μl	30	30	30	30	30
0.1g/ml AP/μl	30	30	30	30	30
总体积/ml	约 15	约 15	约 15	约 15	约 15

3．凝胶液的注入和聚合

（1）分离胶胶液的注入和聚合　用尖头滴管或注射器将凝胶液沿玻璃板内壁缓缓注入，直至 6.5cm 高度的标记处为止。用一注射器通过注射针头沿玻璃管内壁缓慢注入 0.5～1cm 高度的蒸馏水进行水封。水封的目的是隔绝空气中的氧，并消除凝胶柱床表面的弯月面，使凝胶柱顶部的表面平坦，水封时切忌注入的蒸馏水呈滴状垂直下落，否则会使顶部的凝胶浓度变稀，从而改变预定的凝胶孔径，并造成凝胶表面不平坦。

静置凝胶液进行聚合反应，聚合时温度要与电泳时温度相同。正常情况 10min 开始聚合，应控制在 0.5～1h 内聚合完成。

刚加水时看出有界面，后逐渐消失，等到再看出界面时，表面凝胶已经聚合，再静置 30min 使聚合完全。

（2）浓缩胶胶液的注入和聚合　用注射器或滴管吸去分离胶顶端的水封层，并用无毛边的滤纸条吸去残留的水液，滤纸尽量不要接触分离胶的胶面。按表 1-12 选择合适浓度，按比例加入，混合均匀灌胶。

表 1-12　浓缩胶的配制

试剂	凝胶浓度		
	3%	4%	5%
凝胶储液/ml	0.50	0.70	0.90
浓缩胶缓冲液/ml	0.7	0.7	0.7
双蒸水/ml	3.75	3.55	3.35
10%SDS/μl	50	50	50

续表

试剂	凝胶浓度		
	3%	4%	5%
TEMED/μl	10	10	10
0.1g/ml AP/μl	15	15	15
总体积/ml	约5	约5	约5

按上述方法用细滴管加入浓缩胶0.5～1cm高度，插上梳子静置聚合。待出现明显界面表示聚合完成后，小心拔出梳子。

（二）蛋白质样品的处理

1. 标准蛋白质样品的处理

称取标准蛋白质样品各1mg左右，分别放入带盖的小管中，按1.0～1.5mg/ml浓度，向样品中加入适量的样品溶解液，待样品充分溶解后轻轻盖上盖（不要盖紧，以免加热时迸出），在100℃的沸水浴中保温2min，取出冷却至室温。

2. 待测蛋白质样品的处理

若待测蛋白质样品是固体，则与标准蛋白质样品相同；如待测样品是溶液，可先配制浓度大的样品溶解液，将待测样品与浓度大的样品溶解液等体积混匀，然后用同样方法加热。若待测样品浓度太稀可事先浓缩；若盐浓度太高则需先透析，再进行上述处理。处理好的样品溶液可以冰箱保存较长时间，使用前在100℃水浴中加热1min，以除去可能出现的亚稳态聚合物。

（三）加样

SDS-聚丙烯酰胺凝胶垂直板型电泳的加样方法：先把凝胶板放入电泳槽中。在槽内加入电极缓冲液，槽内的空隙完全充满电极缓冲液。

用微量注射器或加样枪按顺序从凝胶板顶部加样，每个凝胶孔只加一种样品，各15～20μl，稀溶液可加最大量。加样时，微量注射器的针头伸入凝胶孔的内部，但针头不要碰到胶面，缓缓加入，因样品密度大于缓冲液，因此样品液自动沉降在胶面上，平铺成一层。

（四）电泳

按正负极接通电源，打开电泳仪（仔细观察正负极的变化）。对于垂直柱型电泳，电流控制在1～2mA/管，电泳2～3min后再升到3～5mA/管，太高的电流强度会造成产热量大，使分离失效。如果高温对样品不利，可降低电流，延长时间，或进行有效的冷却。对于垂直板型电泳，一般样品进胶前电流控制在15～20mA，大约15～20min；样品进入凝胶后，再将电流调至40～50mA，保持电流强度不变。待指示染料迁移至下沿约0.5cm处停止电泳，需2～3h（恒流30mA/块板）。

（五）剥胶和固定

垂直板型电泳的剥胶和固定：电泳结束后，准备好染色用的培养皿，取下凝胶板。然后，用工具将短板玻璃撬开，用水缓慢冲击凝胶，直到凝胶从玻璃板上脱离。在凝胶板的右上端切一小角作为标记。先将凝胶置于培养皿内，用固定液没过凝胶固定 30min。

（六）染色

弃去固定液，加入染色液。染色 2～4h 以上或过夜（或者微波炉中火加热 40s～6min 染色）。

（七）脱色

染色完毕，倾出染色液，加入脱色液。一天换 2～3 次脱色液，直至凝胶的蓝色背景褪去、蛋白条带清晰为止。脱色时间一般约需一昼夜（或者蒸馏水煮 10min，脱色，切忌煮沸）。

（八）蛋白质分子量的计算

通常以相对迁移率 M_r 来表示，相对迁移率的计算方法如下：用直尺分别量出样品区带中心及染料与凝胶顶端的距离。按下式计算：

$$M_r=\frac{样品迁移距离(cm)}{染料迁移距离(cm)}$$

以标准蛋白质分子量的对数对相对迁移率作图，得到标准曲线，根据待测样品的相对迁移率，从标准曲线上查出其分子量。

五、实验结果

1. 绘制标准蛋白质电泳图谱（图 1-3）

图 1-3　标准蛋白质电泳图谱

2. 分子量的计算

（1）相对迁移率（M_r）的计算　用直尺分别量出样品区带中心及溴酚蓝指示剂距凝胶顶端的距离，然后计算出每一种蛋白质的 M_r 值。

（2）蛋白质标准曲线的绘制　以标准蛋白质分子量的对数值为纵坐标，以相对迁移率为横坐标，绘制蛋白质分子量的标准曲线，见图 1-4。

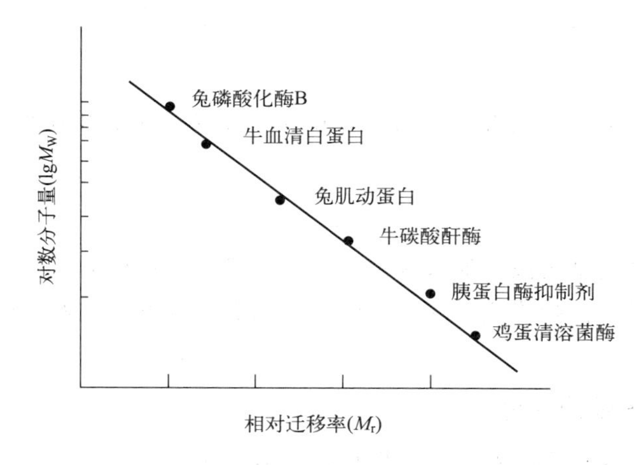

图 1-4　蛋白质分子量测定标准曲线

（3）样品分子量的计算　根据样品的相对迁移率，查标准曲线，计算蛋白质样品的分子量。

六、思考题

1. SDS-PAGE 测定蛋白质分子量的原理是什么？
2. 为什么 SDS-PAGE 只能测定蛋白质亚基的分子量？
3. SDS-PAGE 如果出现灌胶不凝，请分析可能的原因是什么？

七、拓展知识

1. SDS 是一种阴离子去污剂，它在水溶液中以单体和分子团（micelle）的混合形式存在。这种阴离子去污剂能破坏蛋白质分子之间以及与其他物质分子之间的非共价键，使蛋白质变性而改变原有的空间构象。特别是在强还原剂，如巯基乙醇存在下，由于蛋白质分子内的二硫键被还原剂打开，不易再氧化，这就保证了蛋白质分子与 SDS 充分结合，形成带负电荷的蛋白质-SDS 复合物。这种复合物由于结合了大量的 SDS，使蛋白质丧失了原有的电荷状态，形成了仅保持原有分子大小为特征的负离子团块，从而降低或消除了各种蛋白质分子之间天然的电荷差异。

2. SDS 与蛋白质结合后，还引起了蛋白质构象的改变。蛋白质-SDS 复合物的流体力学和光学性质表明，它们在水溶液中的形状，近似于雪茄烟形的长椭圆棒。不同蛋白质的 SDS 复合物的短轴长度都一样，约为 1.8nm，而长轴则随蛋白质的分子量不同呈正比变化。这样的蛋白质-SDS 复合物在凝胶中的迁移率，不再受蛋白质原有电荷和形状的影响，而只是椭圆棒的长度，也就是蛋白质分子量的函数。

3. SDS-聚丙烯酰胺凝胶电泳是一种单向电泳技术。按照凝胶电泳系统中的缓冲液、pH 值和凝胶孔径的差异可分为 SDS-连续系统电泳和 SDS-不连续系统电泳两类。

无论采用哪一种，其基本原理都一样，具体操作也大同小异。由于SDS-不连续系统具有较强的浓缩效应，因而它的分辨率比SDS-连续系统电泳要高一些，所以应用更加广泛。SDS-连续系统电泳法与SDS-不连续系统电泳法二者所使用的蛋白质样品溶解液互不相同，实验时需要根据所采用的电泳法而选取相应的蛋白质样品溶解液。

实验六

大肠杆菌16S rRNA基因的PCR及其琼脂糖凝胶电泳检测

一、实验目的

1. 理解大肠杆菌16S rRNA基因PCR用于细菌分类鉴定的基本原理。
2. 掌握大肠杆菌16S rRNA基因的PCR和DNA琼脂糖凝胶电泳实验技术。

二、实验原理

原核生物的rRNA主要有3种类型：23S rRNA（2900bp）、16S rRNA（1540bp）和5S rRNA（120bp），23S rRNA基因序列较长，分析起来相对困难；而5S rRNA基因序列又太短，没有足够的遗传信息；16S rRNA基因序列长度适中，信息量较大，相对较易分析。

在细菌的16S rRNA基因中有多个区段较保守，根据这些保守区可以设计出细菌通用引物，可以扩增出所有细菌的16S rRNA基因片段，并且这些引物仅对细菌是特异性的，也就是说这些引物不会与非细菌的DNA互补，而细菌的16S rRNA基因可变区的差异可以用来区分不同的菌，见图1-5。因此，16S rRNA基因可以作为细菌群落结构分析最常用的系统进化标记分子。随着核酸测序技术的发展，越来越多的微生物的16S rRNA基因序列被测定并收入国际基因数据库中，这样用16S rRNA基因作目的序列进行微生物群落结构分析，更为快捷方便。

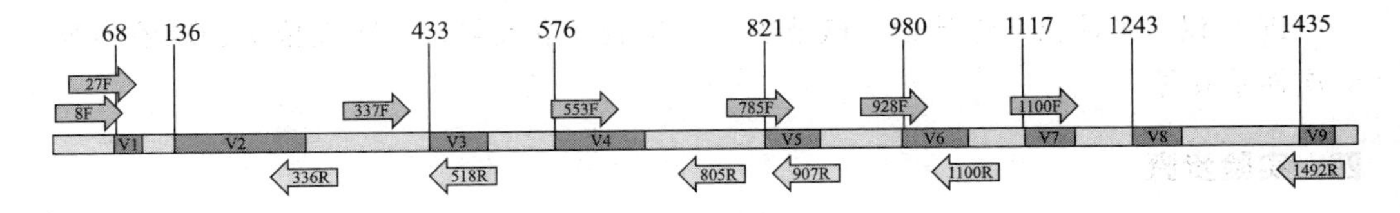

图1-5　细菌16S rRNA基因可变区和PCR引物示意图

PCR是一种体外DNA扩增技术，是在模板DNA、引物和4种脱氧核苷酸存在的条件下，依赖于DNA聚合酶的酶促聚合反应，将待扩增的DNA模板与其两侧互补的寡核苷酸链引物经“高温变性—低温退火—引物延伸”三步反应的多次循环，使DNA片段在数量上呈指数增加，从而在短时间内获得我们所需的大量的特定基因片段。

琼脂糖凝胶电泳是用琼脂糖作支持介质的一种电泳方法。其分析原理与其他电泳最主要的区别是：它兼有“分子筛”和“电泳”的双重作用。琼脂糖凝胶具有网络结构，物质分子通过时会受到阻力，大分子物质在泳动时受到的阻力大，因此在凝胶电泳中，带电颗粒的分离不仅取决于净电荷的性质和数量，而且还取决于分子大小，这就大大提高了分辨能力。但由于其孔径相比于蛋白质太大，对大多数蛋白质来说其分子筛效应微不足道，现广泛应用于核酸的研究中。

蛋白质和核酸会根据 pH 不同带有不同电荷，在电场中受力大小不同，因此跑的速度不同，根据这个原理可将其分开。电泳缓冲液的 pH 在 6～9 之间，离子强度 0.02～0.05 为最适。常用 1%的琼脂糖作为电泳支持物。琼脂糖凝胶约可区分相差 100bp 的 DNA 片段，其分辨率虽比聚丙烯酰胺凝胶低，但它制备容易，分离范围广。普通琼脂糖凝胶分离 DNA 的范围为 0.2～20kb，利用脉冲电泳，可分离高达 10^7bp 的 DNA 片段。

三、实验材料、试剂与设备

（一）实验材料

大肠杆菌（枯草芽孢杆菌）。

（二）实验试剂

1. 引物

正向引物为 27F：AGAGTTTGATCCTGGCTCAG。

反向引物为 1492R：GGTTACGTTACGACTT。

2. PCR 扩增预混液（公司购买）。

3. 50×TAE 缓冲液：将 Tris（三羟甲基氨基甲烷）242g 溶于水中，加入冰乙酸 57.1ml、0.5mol/L EDTA（pH＝8.0）100ml，加水定容至 1000ml。

4. DNA 染料、DNA 标记物（Marker）、上样缓冲液（loading buffer）。

（三）实验设备

PCR 仪、电泳仪、电泳槽、微波炉、三角瓶、取液器、一次性枪头、取液器架、一次性手套等。

四、实验步骤

（一）16S rRNA 基因的 PCR 扩增

按表 1-13，在 PCR 管中加入各试剂，混匀，迅速放入 PCR 仪，按设定的反应程序进行 PCR 扩增。

表 1-13　50μl PCR 反应体系

组分	各组分浓度	加样体积/μl
PCR 缓冲液(Mg^{2+})	10×	5

续表

组分	各组分浓度	加样体积/μl
dNTP 混合物	2.5mmol/L	4
上游引物	20μmol/L	1
下游引物	20μmol/L	1
菌液（模板）		1～2
Taq 酶	5U/μl	0.5～1
无菌水		加至 50

PCR 反应程序为：95℃ 5min，30 个循环（95℃ 30s；56℃ 30s；72℃ 90s），72℃ 5min。

（二）制胶

1. 称取适量的琼脂糖放入三角瓶中。

2. 加入 1×TAE（胶浓度 0.8%～1%），置于微波炉中加热至琼脂糖完全溶解，冷却至 50～60℃。

3. 将胶迅速倒入已准备好的制胶板中，静置约 20min。

（三）点样

1. 将制胶板放入电泳槽中，轻缓拔出电泳梳。

2. 吸取 6×上样缓冲液 1.5μl，加适量 PCR 产物样品，充分混匀。

3. 将样品小心地加入到样品孔中。

（四）电泳

从电泳仪中输出约 80V 的电压，电泳 0.5～1h。

（五）PCR 产物检测

将电泳后的凝胶染色后，置于透射仪或凝胶成像仪上进行观察，检测 PCR 产物的条带情况。

五、实验结果

查看电泳结果，检查目的条带的大小。

六、思考题

1. 大肠杆菌 16S rRNA 基因进行 PCR 扩增的目的是什么？

2. 电泳结果发现没有目的条带，只有引物二聚体，试分析原因。

3. 16S rRNA 中的 S 代表什么？

4. 大肠杆菌 16S rRNA 基因的 PCR 扩增引物的设计思路是什么？

第二节　生物化学综合实验

【学习导图】

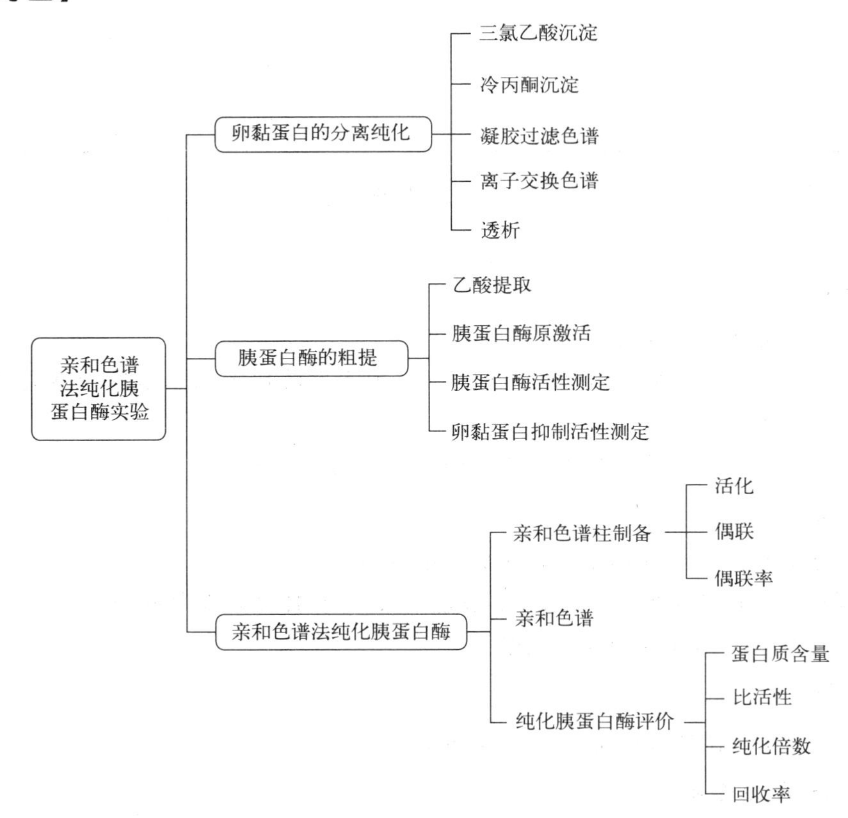

实验一

鸡卵黏蛋白的制备

一、实验目的

1. 掌握鸡卵黏蛋白的基本性质。

2. 掌握凝胶过滤色谱、离子交换色谱、透析纯化等方法分离纯化鸡卵黏蛋白的实验设计和具体操作。

3. 掌握鸡卵黏蛋白活性测定的基本原理与方法。

二、实验原理

鸡卵黏蛋白（chicken ovomucoid，简称 CHOM）是一种糖蛋白，等电点在 pH

3.9～4.5之间，分子量为2.8×10^4，由4个分子量相近的亚基组成，对胰蛋白酶具有强烈的抑制活性，其中的氨基酸组成对胰蛋白酶抑制的生物学活性差异不大，但是在糖蛋白的糖基部分（主要是D-甘露糖、D-半乳糖、葡萄糖和唾液酸）的含量上有一定的差别。1分子鸡卵黏蛋白能抑制1分子的胰蛋白酶，1mg鸡卵黏蛋白能抑制大约0.86mg的胰蛋白酶。

鸡卵黏蛋白具有良好的稳定性，在80℃条件下，理化性质不发生改变，在中性及偏酸性溶液中对热、高浓度脲和有机溶剂（如丙酮）等均有较高的耐受性；在碱性条件下易变性；在50%丙酮或者10%三氯乙酸（trichloroacetic acid，TCA）溶液中均不发生沉淀，仍然有较好的溶解度。因此选择合适的pH值、丙酮或三氯乙酸的浓度可获得较高纯度的鸡卵黏蛋白。表1-14是鸡卵黏蛋白和鸡卵清蛋在10% TCA溶液中不同pH条件下的溶解状态。

表1-14　鸡卵黏蛋白和鸡卵清蛋白在10% TCA溶液中在不同pH条件下的溶解状态

溶液pH	不同蛋白质的溶解程度			
	鸡卵黏蛋白		鸡卵清蛋白	
=3.5	沉淀约5%	溶解约95%	沉淀约95%	溶解约5%
<3.5	沉淀（增加）	溶解（减少）	沉淀（增加）	溶解（减少）
>3.5	沉淀（减少）	溶解（增加）	沉淀（减少）	溶解（增加）

鸡蛋清中含有丰富的鸡卵黏蛋白，在pH3.5、10% TCA溶液中，鸡卵黏蛋白仍然有良好的溶解度，而鸡蛋清中的鸡卵清蛋白被沉淀出来。本实验根据鸡卵黏蛋白的溶解特性，通过TCA、丙酮沉淀获得鸡卵黏蛋白粗品，经过凝胶过滤色谱脱盐处理后，进一步通过离子交换色谱分离纯化得到较纯的鸡卵黏蛋白。

三、实验材料、试剂与设备

（一）实验材料

新鲜的鸡蛋，去掉蛋黄，选用鸡蛋清。

（二）实验试剂

1. 分离纯化试剂

（1）10% pH 1.15三氯乙酸溶液：称100g三氯乙酸用70ml蒸馏水溶解，用5mol/L NaOH调到pH 1.15（在pH酸度计上调节），然后加水定容至1000ml，放置4h以后，再检查一次pH。

（2）1mol/L HCl：取84ml浓盐酸[1]定容到1000ml。

（3）1mol/L NaOH：称40g氢氧化钠溶于适量蒸馏水中，然后加蒸馏水定容至1000ml。

（4）0.5mol/L NaOH：称20g氢氧化钠溶于适量蒸馏水中，然后加蒸馏水定容

[1] 本书所用浓盐酸为36%～38%盐酸。

至 1000ml。

（5）0.02mol/L pH 6.5 磷酸盐缓冲液：称取 2.26g 十二水磷酸氢二钠（$Na_2HPO_4 \cdot 12H_2O$）溶于适量蒸馏水中，定容至 315ml，即为 A 液；称取 2.14g 二水磷酸二氢钠（$NaH_2PO_4 \cdot 2H_2O$）溶于适量蒸馏水中，定容至 685ml，即为 B 液；将 A 液和 B 液混合即为 0.02mol/L pH 6.5 磷酸盐缓冲液。

（6）0.5mol/L HCl：取 42ml 浓盐酸定容到 1000ml。

（7）0.5mol/L NaOH-0.5mol/L NaCl 溶液：分别称取 20g 氢氧化钠和 29.25g 氯化钠溶于适量蒸馏水中，然后定容至 1000ml。

（8）0.3mol/L NaCl-0.02mol/L pH 6.5 磷酸盐缓冲液：称取 17.55g 氯化钠，用 pH 6.5 磷酸盐缓冲液定容到 1000ml。

（9）1% $AgNO_3$：称取 2g 硝酸银溶于适量蒸馏水中，然后定容至 200ml。

（10）其他：Sephadex G-25（交联葡聚糖 G-25），DEAE-纤维素（二乙氨乙基纤维素，一种阴离子交换纤维素）；丙酮；Tris。

2. 酶活性测定试剂

（1）0.1mol/L pH 8.0 Tris-HCl 缓冲液：称取 12.114g 三羟甲基氨基甲烷溶于适量蒸馏水中，然后加入 4.6ml 浓盐酸混匀，加蒸馏水定容至 1000ml。

（2）BAEE 底物缓冲溶液：称取 5.55g 无水氯化钙，6.06g 三羟甲基氨基甲烷溶于适量蒸馏水中，然后加入 2.73ml 浓盐酸，定容至 1000ml。

（3）2mmol/L BAEE 底物溶液：称 68mg *N*-苯甲酰基-L-精氨酸乙酯（BAEE），用 BAEE 底物缓冲溶液定容到 100ml，临用前配制。

（4）标准胰蛋白酶（trypsin）。

（三）实验设备

离心机、pH 酸度计、色谱柱、恒流泵、核酸蛋白检测仪、紫外-可见分光光度计、微量加样器和透析袋等。

四、实验步骤

（一）鸡卵黏蛋白粗品的制备

1. 三氯乙酸沉淀

取 60ml 鸡卵清置于 200ml 烧杯中，加入等体积的 10% pH 1.15 的 TCA 溶液，需要边加入边轻轻搅拌（出现大量的白色沉淀），加完搅拌均匀后，此时溶液的 pH 值应当是 3.5±0.2（用 pH 试纸检测），若 pH 值偏离 3.5±0.2，则用稀酸或稀碱调到此范围以内。4℃静止 4h 以上或过夜。

2. 冷丙酮沉淀

将烧杯内的所有溶液及沉淀物转移到 100ml 的离心管里，以 3500r/min 离心 15min。弃沉淀，上清液用抽纸过滤，除去上清液中的脂类物质及不溶物（此时，上清液应为澄清状态）。收集滤液到 300ml 烧杯，用 1mol/L HCl 或 1mol/L NaOH 调节溶液的 pH 值精确至 4.0（需用 pH 酸度计）。量取最终体积，然后缓缓加入 3 倍体积的预冷丙酮，需用玻璃棒边搅拌边加入。最后用塑料薄膜盖好防止丙酮挥发，在 4℃静置 4h 以上或过夜。

3. 溶解

待鸡卵黏蛋白完全沉淀后，小心倾出烧杯内的部分上清液，将沉淀部分转移至 100ml 的离心管里，以 3500r/min 离心 15min。弃上清液，离心管沉淀物放入通风橱内，除去残留丙酮（可用电风扇，加速丙酮挥发），然后用 25ml 蒸馏水或 20mmol/L pH 6.5 磷酸盐缓冲液溶解沉淀，滤纸过滤，收集滤液备用。

（二）鸡卵黏蛋白的分离纯化

1. Sephadex G-25 柱脱盐

（1）Sephadex G-25 介质溶胀　称 15g Sephadex G-25 放入 500ml 烧杯中，加入 200ml 蒸馏水，在沸水浴中溶胀 2h 或室温下 24h。溶胀后的胶用 0.5mol/L NaCl 溶液清洗，然后再用蒸馏水洗去残留的 NaCl。

（2）装柱　取一支 50cm×1cm 的色谱柱，将溶胀好的 Sephadex G-25 装柱，自然沉降，柱床体积为 100ml 左右。

（3）平衡　用 20mmol/L pH 6.5 磷酸盐缓冲液平衡色谱柱，流速 1.0～1.5ml/min，需要大约 2 倍柱床体积的磷酸盐缓冲液或核酸蛋白检测仪读数稳定即可判断为柱平衡状态。

（4）上样　待色谱柱内磷酸盐缓冲液液面与凝胶介质的胶面相切时，取过滤后的鸡卵黏蛋白粗提液上柱，上柱溶液需用胶头滴管缓慢加入，待上样溶液的液面与胶面相切时，再缓慢加入磷酸盐缓冲液，保证胶面上方至少有 2～3cm 高的缓冲液，以 1.0～1.5ml/min 的流速进行色谱分离。

（5）洗脱　观察核酸蛋白检测仪的数值，待出峰后收集蛋白粗提液（收集整个峰面积），丙酮开始流出时停止收集，Sephadex G-25 凝胶柱色谱的结果如图 1-6 所示。

2. DEAE-纤维素离子交换柱色谱分离

（1）DEAE-纤维素介质溶胀　取 20g DEAE-纤维素 32（DE-32）于 500ml 烧杯中，加入 150ml 蒸馏水，除去细颗粒，在室温下溶胀 24h。

（2）介质处理　将溶胀后的 DE-32 介质（或使用过的 DE-32 介质）转移到布氏漏斗中抽滤，抽干后的介质用 200ml 0.5mol/L NaCl-0.5mol/L NaOH 溶液浸泡 20min。然后用蒸馏水多次冲洗至流出液 pH 达到 8.0（用 pH 试纸检测），抽干后将介质转移到烧杯中，再用 200ml 0.5mol/L HCl 浸泡 20min 后，转移到布氏漏斗中抽滤，最后用蒸馏水洗至流出液的 pH 达到 6.0 左右（用 pH 试纸检测），介质抽干后置于烧杯中，用 20mmol/L pH 6.5 磷酸盐缓冲液浸泡。

（3）装柱　取一支色谱柱，将处理后的 DE-32 介质溶液装柱，自然沉降，柱床体积约为 80ml。

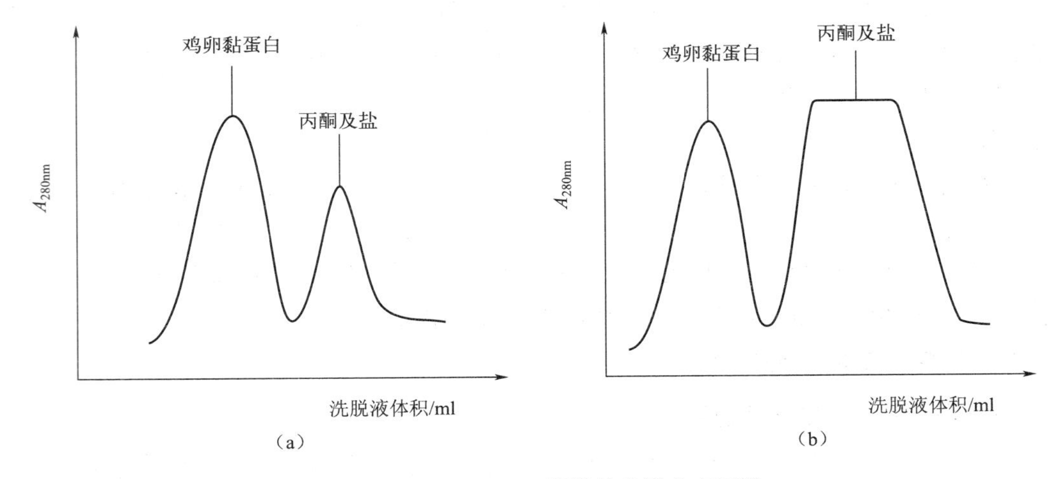

图 1-6 Sephadex G-25 凝胶柱色谱分离图谱

(a) 为丙酮挥发时间长的蛋白质上样溶液；(b) 为丙酮挥发时间短的蛋白质上样溶液

(4) 平衡 用 20mmol/L pH 6.5 磷酸盐缓冲液平衡色谱柱，流速 1.0～1.5ml/min，需要大约 2 倍柱床体积的磷酸盐缓冲液或核酸蛋白检测仪读数稳定即可判断为柱平衡状态。

(5) 上样 将经过 Sephadex G-25 凝胶柱色谱脱盐后的蛋白质溶液上样，与 Sephadex G-25 凝胶柱色谱上样的方法类似，在更换溶液时需做到液面和胶面相切后，再加入更换的溶液。

(6) 再平衡 上完样品溶液后，再用 20mmol/L pH6.5 磷酸盐缓冲液平衡色谱柱，流速 1.0～1.5ml/min，平衡过程中可能有杂蛋白峰出现，如果介质的吸附能力强，则不出现杂蛋白峰。

(7) 洗脱 用 0.3mol/L NaCl-20mmol/L pH6.5 磷酸盐缓冲液洗脱。观察核酸蛋白检测仪的数值，待出高峰时开始收集，蛋白粗提液收集体积一般在 35～45ml，为了提高蛋白质得率，不能收集过多的溶液。DEAE-纤维素离子交换柱分离鸡卵黏蛋白色谱结果如图 1-7 所示。需要注意的是：在加入洗脱液后，可能会出现小的鸡卵清蛋白峰 [图 1-7(a)]，如果样品溶液前处理较好，则没有此蛋白峰出现 [图 1-7(b)]。

(三) 透析及丙酮沉淀

1. 透析

将经 DEAE-纤维素离子交换柱色谱分离的鸡卵黏蛋白溶液装入透析袋内，置于蒸馏水中透析，需要隔一段时间更换一次水（可透析过夜）。用 1% $AgNO_3$ 检查无氯离子存在，透析完成。

2. 冷丙酮沉淀

透析液转移到烧杯内，取出约 1ml 透析液测定鸡卵黏蛋白含量及其抑制活性，

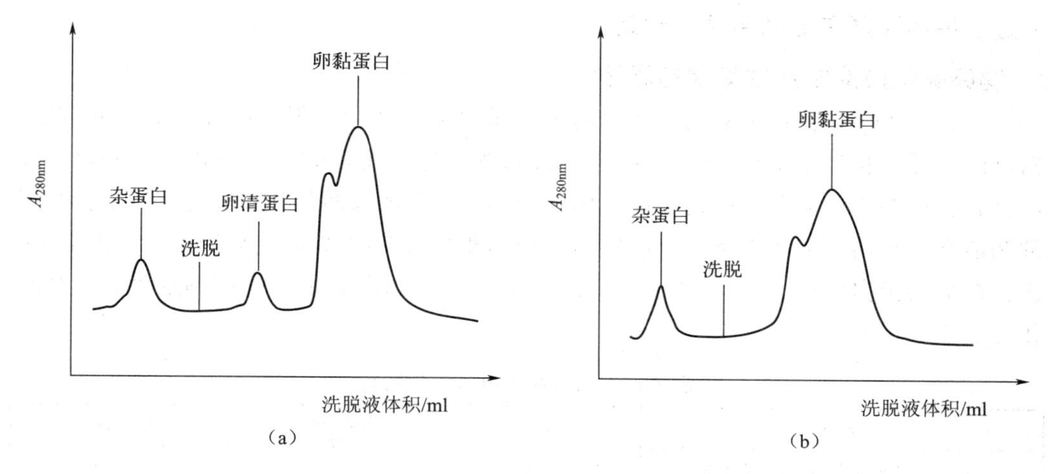

图 1-7　鸡卵黏蛋白在 DEAE-纤维素柱的分离

(a) 为理论上的洗脱曲线；(b) 为如果提取效果好，则无卵清蛋白峰的出现（也可能无杂峰出现）

其余的透析液置于烧杯中，用 1mol/L HCl 准确调到 pH 4.0（需用 pH 酸度计），量取体积，然后缓慢加入 3 倍体积的预冷丙酮，边搅拌边加入，此时应当出现大量的白色沉淀。最后用塑料薄膜盖好防止丙酮挥发，在 4℃静置 4h 以上或过夜。

3. 样品离心、干燥和收集

待鸡卵黏蛋白析出后，倾出部分上清液，剩余的沉淀液装入 50ml 离心管，于 3500r/min 离心 15min，弃去上清液，收集沉淀。将有沉淀物的离心管置于通风橱内过夜干燥（干燥后的鸡卵黏蛋白为透明浅黄色胶状物）。收集鸡卵黏蛋白成品并称重。

（四）卵黏蛋白浓度测定

1. 卵黏蛋白浓度测定的定义

本实验采用紫外吸收法测定卵黏蛋白的含量，原理是蛋白质分子中含有芳香族氨基酸，芳香族氨基酸在 280nm 处有最大吸收峰。不同蛋白质分子含有的芳香族氨基酸的数量及空间结构的差异，导致其在 280nm 处的光吸收强弱不同。在一定的条件下，一种纯的蛋白质在 280nm 处的光吸收值是一个特异常数，称之为消光系数，用符号 $E_{1cm}^{1\%}$ 表示，具体定义是：在浓度为 1%（1g/100ml）的蛋白质溶液中，测定光程为 1cm 的条件下，该蛋白质的吸光度值。例如，鸡卵黏蛋白的浓度为 1%（1g/100ml）时，A_{280nm} 是 4.13。

2. 卵黏蛋白浓度测定方法

用紫外分光光度计进行卵黏蛋白浓度的测定，调整吸收波长为 280nm 后，用蒸馏水调零，然后加入蛋白质样品溶液，读取 A_{280nm} 吸光度值。

3. 计算公式

$$\text{鸡卵黏蛋白浓度(mg/ml)} = \frac{A_{280nm} \times \text{稀释倍数}}{0.413}$$

（五）鸡卵黏蛋白抑制活性的测定

1. 鸡卵黏蛋白抑制活性测定的原理

鸡卵黏蛋白是胰蛋白酶的天然抑制剂，通常 1μg 鸡卵黏蛋白能抑制 0.86μg 胰蛋白酶的活性（相当于 1∶0.86）。在胰蛋白酶液中加入适量的鸡卵黏蛋白，胰蛋白酶活性就会被抑制，酶反应的速度因此而降低，胰蛋白酶递减的活性就是鸡卵黏蛋白的抑制活性。在同样的条件下分别测定出未加鸡卵黏蛋白的胰蛋白酶活性 A_1 和加鸡卵黏蛋白的胰蛋白酶活性 A_2。将 A_1-A_2 就可以得到鸡卵黏蛋白的抑制活性，具体操作见表 1-15。

表 1-15　鸡卵黏蛋白活性的测定

试剂	空白	样品(A_1)	样品(A_2)
0.1mol/L pH 8.0 Tris-HCl 缓冲液/ml	1.5	1.5	1.5
2mol/L BAEE 底物溶液/ml	1.5	1.5	1.5
鸡卵黏蛋白/μg	—	—	7
胰蛋白酶/μg	—	10	—

注：在测定鸡卵黏蛋白的抑制活性时，胰蛋白酶和鸡卵黏蛋白加入量的质量比为 1∶0.7。比例计算的依据是鸡卵黏蛋白对胰蛋白酶的抑制比例为 1∶0.86，假定测活性时达到 50%的抑制率，并且鸡卵黏蛋白的纯度为 80%，综合考虑这些因素得出加入蛋白质的用量，实际操作中根据得到的蛋白质浓度，再计算应该加入的鸡卵黏蛋白体积用量。

2. 鸡卵黏蛋白抑制活性测定方法

（1）取 1cm 的石英比色杯，加入 1.5ml Tris-HCl 缓冲液和 1.5ml BAEE 底物溶液，在 280nm 的波长下调零。

（2）另取 1cm 的石英比色杯，加入 1.5ml Tris-HCl 缓冲液、10μg 胰蛋白酶、7μg 鸡卵黏蛋白，混匀后静置 2min，然后加入 1.5ml BAEE 底物溶液。混匀后，在 253nm 波长下读取吸光度值的变化，根据下面公式计算鸡卵黏蛋白的抑制活性和抑制比活。

3. 计算公式

（1）鸡卵黏蛋白抑制活性

$$\text{鸡卵黏蛋白抑制活性(U)}=\frac{A_1-A_2}{0.001}$$

式中　A_1——未加鸡卵黏蛋白的胰蛋白酶吸光度值变化，ΔA_{253nm}；

A_2——加鸡卵黏蛋白后胰蛋白酶吸光度值变化，ΔA_{253nm}。

（2）鸡卵黏蛋白抑制比活

$$\text{鸡卵黏蛋白抑制比活(U/mg)}=\frac{\text{测得的鸡卵黏蛋白抑制活性(U)}}{\text{鸡卵黏蛋白浓度(mg/ml)}\times\text{加入的体积(ml)}}$$

五、实验结果

1. 鸡卵黏蛋白产率（mg/100ml 鸡蛋清）。

2. 鸡卵黏蛋白的抑制比活（U/mg）。

3. Sephadex G-25 色谱曲线。

4. DEAE-纤维素色谱曲线。

六、思考题

1. 沉淀蛋白质时，为什么用冷丙酮？

2. 沉淀蛋白质前，为什么每次均要调整溶液的 pH 值？

3. DEAE-纤维素离子交换柱色谱实验中，卵清蛋白峰和卵黏蛋白峰哪个先被洗脱出来？

4. DEAE-纤维素离子交换柱色谱实验中，洗脱时为什么不能收集太多的溶液？

5. 选透析袋长短时应注意的事项有哪些？

6. 透析后的溶液用冷丙酮沉淀后，如果没有白色的沉淀出现，可能的原因有哪些？

7. 测定酶活性时，应注意的操作有哪些？

8. 测定酶活性时，如果吸光度值没有变化，应如何调整加入的酶液体积？

实验二

胰蛋白酶粗提取与活性测定

一、实验目的

1. 掌握胰蛋白酶原和胰酶的基本性质。

2. 掌握胰蛋白酶粗提的实验设计、基本原理与方法。

3. 掌握胰蛋白酶活性测定的基本原理与方法。

二、实验原理

胰蛋白酶是一种丝氨酸蛋白水解酶，在生物体内通常以胰蛋白酶原的形式存在于动物的胰脏或其他组织中，在底物的诱导或激活剂的作用下，胰蛋白酶原的 C-端水解，失去 6 肽变成具有活性的胰蛋白酶。胰蛋白酶原和胰蛋白酶性质上的差异见表 1-16 所示。

表 1-16　胰蛋白酶原与胰蛋白酶性质差异比较

项目	等电点 pI	分子量	酸碱特性		
胰蛋白酶原	10.8	24000	pH＜2 时容易变性	pH＝3 时生物活性稳定	pH＞7 时容易自溶
胰蛋白酶	8.9	23700			

胰蛋白酶和胰蛋白酶原都属于碱性蛋白质，它们在酸性环境中会带上正电荷，形成离子状态，从细胞中游离出来，根据此特性，将搅碎的猪胰脏放在 3.5% 乙酸溶液

中提取胰蛋白酶原，得到的提取液调节pH至8.0，在激活剂Ca^{2+}的存在下，加入少量的标准胰蛋白酶催化，使胰蛋白酶原的C-端水解去掉6肽转变成具有活性的胰蛋白酶。该酶对于*N*-苯甲酰-L-精氨酸乙酯（BAEE）具有特异性水解作用，以BAEE为底物可以测定胰蛋白酶的活性。

三、实验材料、试剂与设备

（一）实验材料

猪胰脏。

（二）实验试剂

1. 常规试剂

（1）乙酸酸化水：量取80ml冰乙酸加蒸馏水定容至2000ml，调pH至4.0左右。

（2）2mol/L H_2SO_4：首先量取108.7ml浓硫酸[1]放置于烧杯中，再量取891.3ml蒸馏水，把浓硫酸沿着杯壁缓缓加入到水中，并不断搅拌。

（3）5mol/L NaOH：称取100g氢氧化钠溶于适量蒸馏水中，然后加蒸馏水定容至500ml。

2. 活性测定试剂

（1）0.1mol/L pH 8.0 Tris-HCl缓冲液：称取12.114g三羟甲基氨基甲烷溶于适量蒸馏水中，然后加入4.6ml浓盐酸混匀，加蒸馏水定容至1000ml。

（2）BAEE底物缓冲溶液：称取5.55g无水氯化钙，6.06g三羟甲基氨基甲烷溶于适量蒸馏水中，然后加入2.73ml浓盐酸，定容至1000ml。

（3）2mmol/L BAEE底物溶液：称68mg *N*-苯甲酰基-L-精氨酸乙酯（BAEE），用BAEE底物缓冲溶液定容到100ml，临用前配制。

（4）标准胰蛋白酶。

（三）实验设备

破碎机、离心机、pH酸度计、紫外-可见分光光度计、微量加样器和玻璃漏斗等。

四、实验步骤

（一）胰蛋白酶原的提取

1. 匀浆

取约50g猪胰脏，剥去白色的结缔组织和脂肪，取净重40g，放入破碎机内，加入200ml预冷的3.5%乙酸酸化水进行匀浆处理（注意：不要破碎得太细，破碎时间为20～30s）。

---

[1] 本书所用浓硫酸为95%～98%硫酸。

2. 提取

将匀浆液转移到300ml的烧杯中，用2mol/L H_2SO_4 调节pH在3.5～4.0之间（用pH试纸），在4℃下静置2～4h。

3. 离心

将匀浆液转移至100ml的离心管里，以3500r/min离心15min。弃沉淀，收集上清液至烧杯中。

4. 酸化

用2mol/L H_2SO_4 调节上清液的pH为3.0（用pH酸度计），在4℃下静置2～4h（至少2h）。

5. 离心

将溶液转移到100ml的离心管里，以3500r/min离心15min。弃沉淀，收集上清液至烧杯中（注：上清液应为浅粉色澄清溶液，如果出现混浊，说明酸化液pH不准确或酸化后静置的时间不够）。

（二）胰蛋白酶原的激活

1. 调节pH

将胰蛋白酶原提取液用5mol/L NaOH精确调至pH 8.0（用pH酸度计），量取溶液的体积。

2. 加入激活剂

向溶液中加入固体 $CaCl_2$，使溶液中 Ca^{2+} 终浓度达到0.1mol/L，然后加入200mg的结晶胰蛋白酶（加入的固体胰蛋白酶量根据酶纯度和比活调整），搅拌混匀后，进行激活。一般在4℃下可激活12～16h，在25℃的恒温水浴中激活2～4h。

3. 停止激活

取激活中的上清酶液，过滤1ml，参照胰蛋白酶活性测定方法分别测定蛋白质的浓度和比活，如果酶溶液的比活达到1000U/mg左右，停止激活，在4℃条件下将所有酶液过滤，用于亲和色谱实验上样（具体步骤见本节实验三）。

（三）胰蛋白酶浓度测定

1. 胰蛋白酶浓度测定的定义

纯胰蛋白酶的消光系数 $E_{1cm}^{1\%}=13.5$，表示胰蛋白酶的浓度为1%（1g/100ml），测定光程为1cm的条件下，其吸光度值 A_{280nm} 是13.5。

2. 胰蛋白酶浓度测定的方法

用紫外分光光度计进行胰蛋白酶浓度的测定，取1ml猪胰蛋白酶粗提液，用双蒸水稀释100倍，调整吸收波长为280nm后，用双蒸水调零，然后加入蛋白质样品溶液读取 A_{280nm} 吸光度值。

3. 计算公式

$$\text{胰蛋白酶浓度(mg/ml)}=\frac{A_{280nm}\times\text{稀释倍数}}{1.35}$$

(四)胰蛋白酶活性测定

1. 胰蛋白酶活性测定的基本原理

胰蛋白酶是一种蛋白水解酶，其能水解碱性氨基酸与其他氨基酸形成的肽键，也能水解碱性氨基酸形成的酯键，催化活性有高度的专一性。在实验操作中，可用人工合成的 *N*-苯甲酰-L-精氨酸乙酯（BAEE）为底物测定酶的活性。BAEE 在碱性条件下，经胰蛋白酶作用水解去掉一个乙基，生成 *N*-苯甲酰-L-精氨酸（BA），催化反应的原理如下。

$$\text{BAEE} \xrightarrow[\text{pH8.0}]{\text{胰蛋白酶，}Ca^{2+}} \text{BA} + C_2H_5OH$$

BAEE: $NH_2-C(=NH)-NH-(CH_2)_3-CH(NH-CO-C_6H_5)-C(=O)-O-C_2H_5$

BA: $NH_2-C(=NH)-NH-(CH_2)_3-CH(NH-CO-C_6H_5)-C(=O)-OH$

C_2H_5OH 乙醇

由于 BA 在波长 253nm 下的光吸收值强于 BAEE，因此，以加入酶为起始点，测定一定时间内的吸光度值的递增值，然后通过酶的定义可以获得酶的活性。

2. 胰蛋白酶活性定义

在实验条件下，BAEE 底物溶液浓度为 1mmol/L、测量光程为 1cm、测定波长在 253nm、温度 25℃，测量体积 3ml，吸光度值每分钟递增 0.001（$\Delta A=0.001$），定义为 1 个 BAEE 单位。

3. 胰蛋白酶活性测定方法

（1）取 1cm 的石英比色杯，加入 1.5ml Tris-HCl 缓冲液和 1.5ml BAEE 底物溶液，在 253nm 的波长下调零。

（2）取出比色杯，加入 10μg 胰蛋白酶量，迅速混匀后置于紫外分光光度计内开始读数，每隔 30s 读一次，共读取 11 个数值，根据公式计算胰蛋白酶的活性和比活。具体操作见表 1-17。

表 1-17 胰蛋白酶活性的测定

试剂	空白	样品(*A*)
0.1mol/L pH 8.0 Tris-HCl 缓冲液/ml	1.5	1.5
2mol/L BAEE 底物溶液/ml	1.5	1.5
胰蛋白酶/μg	—	10

注：在测定胰蛋白酶活性时，根据底物浓度和胰蛋白酶的催化能力，加入 5～10μg 的量，可使反应速度与底物浓度接近于正比例的关系。实际操作中根据得到的蛋白质浓度，计算应该加入的体积用量。

4．计算公式

（1）胰蛋白酶活性

$$胰蛋白酶活性(U)=\frac{\Delta A_{253nm}}{0.001}$$

（2）胰蛋白酶比活

$$胰蛋白酶比活(U/mg)=\frac{测得的胰蛋白酶活性(U)}{胰蛋白酶浓度(mg/ml)\times 加入的体积(ml)}$$

五、实验结果

1. 胰蛋白酶浓度（mg/ml）。
2. 胰蛋白酶产率（mg/100g 猪胰脏）。
3. 胰蛋白酶总活性（U）。
4. 胰蛋白酶比活（U/mg）。

六、思考题

1. 胰蛋白原提取过程中，静置时间与胰蛋白酶提取量有何关系?
2. 胰蛋白酶原激活过程中，为什么要调溶液的 pH 值到 8.0?
3. 如果想加快胰蛋白酶原的激活速度，可以采取的方法有哪些?
4. 在胰蛋白酶测定过程中，如果开始数值变化太快，应如何调整酶用量?
5. 在胰蛋白酶测定过程中，如果读数不稳定，可能的原因是什么? 如何调整?
6. 测定酶活时，起始吸光度值 A_{253nm} 应控制在 0.1 以下，试分析原因。

实验三

亲和色谱纯化胰蛋白酶

一、实验目的

1. 掌握鸡卵黏蛋白-琼脂糖凝胶色谱介质的制备原理及方法。
2. 掌握通过亲和色谱法分离纯化猪胰蛋白酶的基本原理与方法。
3. 掌握酶分离纯化效果的评价方法。

二、实验原理

鸡卵黏蛋白（CHOM）是胰蛋白酶的天然抑制剂，在 pH 7.8～8.0 的 Tris-HCl 缓冲溶液中会发生专一性的结合。将 CHOM 连接到载体层板介质上，胰蛋白酶就可以与 CHOM 发生可逆性结合，在适当条件下通过亲和色谱就可以将胰蛋白酶与非胰蛋白酶成分分开，从而达到纯化的目的。

常用的亲和色谱载体活化与配基偶联的方法有环氧氯丙烷活化和溴化氰活化法，

环氧氯丙烷活化反应的基本原理如图 1-8 所示。

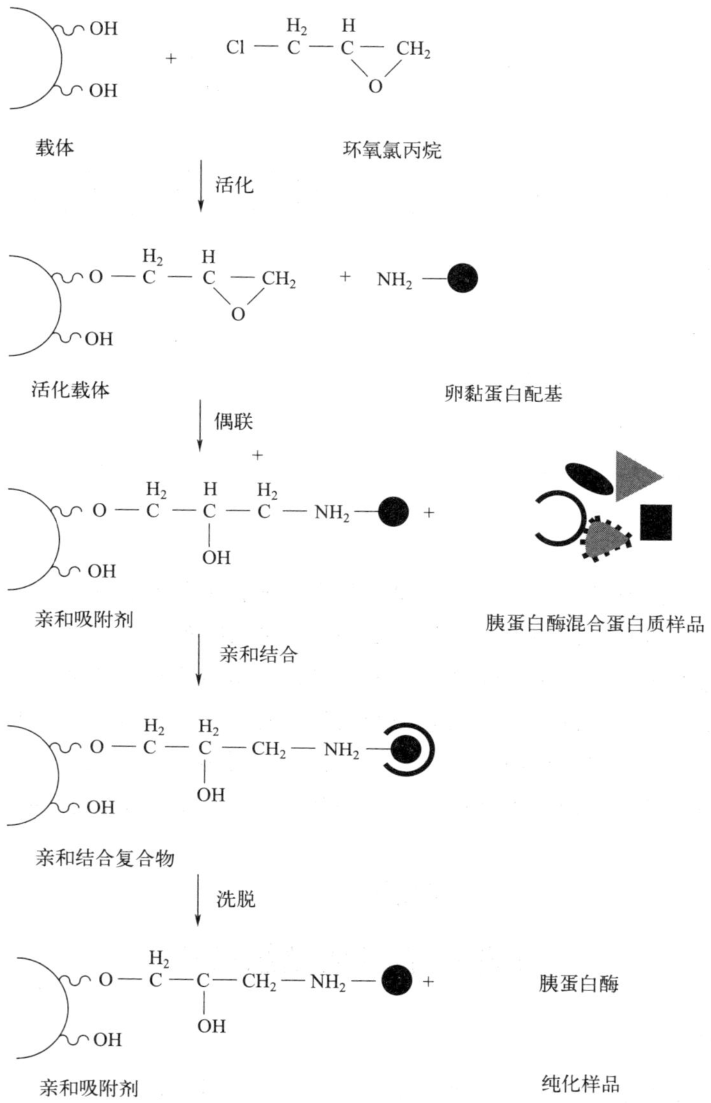

载体（—OH，—OH） + 环氧氯丙烷（$Cl—CH_2—CH—CH_2$，环氧O）

↓ 活化

活化载体（$—O—CH_2—CH—CH_2$，环氧O；—OH） + NH_2—● 卵黏蛋白配基

↓ 偶联

亲和吸附剂（$—O—CH_2—CH(OH)—CH_2—NH_2$—●；—OH） + 胰蛋白酶混合蛋白质样品

↓ 亲和结合

亲和结合复合物（$—O—CH_2—CH(OH)—CH_2—NH_2$—●◎；—OH）

↓ 洗脱

亲和吸附剂（$—O—CH_2—CH(OH)—CH_2—NH_2$—●；—OH） + 胰蛋白酶纯化样品

图 1-8　亲和色谱载体活化与配基偶联示意

三、实验材料、试剂与设备

（一）实验材料

鸡卵黏蛋白，猪胰蛋白酶粗提液。

（二）实验试剂

1. 常规试剂

（1）2mol/L NaOH：称 80g 氢氧化钠溶于适量蒸馏水中，然后加蒸馏水定容至

1000ml。

（2）0.1mol/L pH 9.5 Na_2CO_3-$NaHCO_3$ 缓冲液：首先称取 17.17g 碳酸钠溶于适量蒸馏水中，再称取 11.76g 碳酸氢钠溶于适量蒸馏水中，将二者混匀，加蒸馏水定容至 1000ml。

（3）1.0mol/L NaCl：称取 58.5g NaCl 溶于适量蒸馏水中，加蒸馏水定容至 1000ml。

（4）0.1mol/L HCl：量取 8.4ml 浓盐酸，加蒸馏水定容至 1000ml。

（5）0.1mol/L pH 7.8 Tris-HCl 缓冲液：称取 12.114g 三羟甲基氨基甲烷溶于适量蒸馏水中，加入 345ml 0.1mol/L HCl，然后定容至 1000ml。

（6）亲和柱平衡液：即 0.5mol/L KCl-0.05mol/L $CaCl_2$-0.1mol/L pH 7.8 Tris-HCl 缓冲液。分别称取 74.5g 氯化钾和 11.1g 氯化钙，用 0.1mol/L pH 7.8 Tris-HCl 缓冲液定容到 2000ml。或分别称取 24.227g 三羟甲基氨基甲烷、74.5g 氯化钾以及 11.1g 氯化钙溶于适量蒸馏水中，然后加入 5.95ml 浓盐酸，最后用蒸馏水定容至 1000ml。

（7）0.1mol/L pH 2.5 甲酸溶液：量取 16ml 甲酸原液用蒸馏水定容到 1000ml。

（8）亲和柱洗脱液：即 0.5mol/L KCl-0.1 mol/L pH 2.5 甲酸溶液。称取 74.5g 氯化钾，用 0.1mol/L pH 2.5 甲酸溶液定容至 2000ml。或称取 74.5g 氯化钾溶于适量水中，然后加入 32ml 甲酸原液，用蒸馏水定容至 2000ml。

（9）环氧氯丙烷。

2. 活性测定试剂

（1）0.1mol/L pH 8.0 Tris-HCl 缓冲液：称取 12.114g 三羟甲基氨基甲烷溶于适量蒸馏水中，然后加入 4.6ml 浓盐酸混匀，加蒸馏水定容至 1000ml。

（2）BAEE 底物缓冲溶液：称取 5.55g 无水氯化钙，6.06g 三羟甲基氨基甲烷溶于适量蒸馏水中，然后加入 2.73ml 浓盐酸，定容至 1000ml。

（3）2mmol/L BAEE 底物溶液：称 68mg *N*-苯甲酰基-L-精氨酸乙酯（BAEE），用 BAEE 底物缓冲溶液定容到 100ml，临用前配制。

（4）标准胰蛋白酶，琼脂糖凝胶（Sepharose 4B）。

（三）实验设备

核酸蛋白检测仪、色谱柱、恒流泵、真空泵、紫外-可见分光光度计和微量加样器等。

四、实验步骤

（一）亲和介质的合成

1. 载体——Sepharose 4B 的活化

（1）Sepharose 4B 的前处理　称取 8g Sepharose 4B，置入 G-3 玻璃烧结漏斗中，用 100ml 1.0mol/L NaCl 溶液淋洗，再用 100ml 蒸馏水抽洗，抽干后转移到 100ml

三角瓶内。

（2）活化　依次加入 7ml 蒸馏水、8ml 1，4-二氧六环、6.5ml 2mol/L NaOH、1.5ml 环氧氯丙烷，用塑料薄膜封口（注：如果提前准备 Sepharose 4B，可加入 7ml 蒸馏水后，置于 4℃下保存）。将三角瓶放入 45℃恒温水浴中，以 160r/min 的转速振摇 2h 完成活化过程。停止活化后将三角瓶内的活化介质转移到 G-3 玻璃烧结漏斗内，抽去活化剂，用 100ml 蒸馏水少量多次洗涤，抽干后再将介质转移到 100ml 干净的三角瓶中，准备偶联。

2. 载体-配基的偶联

称取 120mg 鸡卵黏蛋白，加 10ml 0.1mol/L pH 9.5 Na_2CO_3-$NaHCO_3$ 缓冲液，用玻璃棒搅拌充分溶解，然后将溶解液倒入 100ml 三角瓶中与活化的 Sepharose 4B 混匀。将三角瓶放入 40℃恒温水浴中，以 140r/min 的转速振摇 22h 左右，完成偶联过程。

3. 洗涤

将已偶联好的 Sepharose 4B 转移到 G-3 玻璃烧结漏斗内，手持漏斗收集约 1ml 滤液，用于测定滤液中未被偶联的鸡卵黏蛋白含量，计算偶联率。剩余的滤液进行抽滤，先用 100ml 1.0mol/L NaCl 溶液和 100ml 蒸馏水依次淋洗介质，然后用 20ml 亲和色谱洗脱液和 50ml 蒸馏水淋洗，抽干。最后将 Sepharose 4B 转移到 50ml 小烧杯内，加入 20ml 亲和柱平衡液，浸泡 20min 以上，用于装柱。

（二）亲和色谱

在进行亲和色谱时，操作与凝胶过滤和离子交换色谱类似，注意在更换溶液时需做到液面和胶面相切后，再加入另外一种溶液。另外亲和色谱柱柱床体积小，需要调整为较慢的流速，可用小夹子调速。具体步骤如下：

1. 装柱

取一支色谱柱（10cm×1cm），将合成好的亲和色谱介质（CHOM-Sepharose 4B）装入柱内，自然沉降至柱床体积稳定。

2. 平衡

用亲和柱平衡液平衡色谱柱，平衡液是 0.1mmol/L pH 8.0 Tris-HCl 缓冲液（内含 0.5mol/L KCl、50mmol/L $CaCl_2$）。待流出的平衡液经核酸蛋白检测仪检测后，观测的读数稳定即可判断为柱平衡状态。

3. 上样

将已经激活的胰蛋白酶粗提液（比活达到 800～1000U/mg）过滤，滤液上样。上样体积可根据亲和介质的偶联量和胰蛋白酶粗提液的比活，计算上样所需的体积（大约 50ml），计算方法如下：

$$上样体积(ml)=\frac{介质偶联量(mg)\times 0.86\times 13000(U/mg)}{胰蛋白酶粗提液浓度(mg/ml)\times 比活(U/mg)}\times 1.5$$

4. 再平衡

上样完成后，再以亲和柱平衡液平衡，目的是洗去未被吸附的杂蛋白，直至流出的平衡液经核酸蛋白检测仪检测后，观测的读数稳定即可判断为柱平衡状态。

5. 洗脱

亲和色谱柱平衡好后，待平衡液与胶面相切后，用 0.1mol/L pH2.5 甲酸-0.5mol/L KCl 混合液洗脱，收集洗脱峰，亲和色谱曲线见图 1-9。

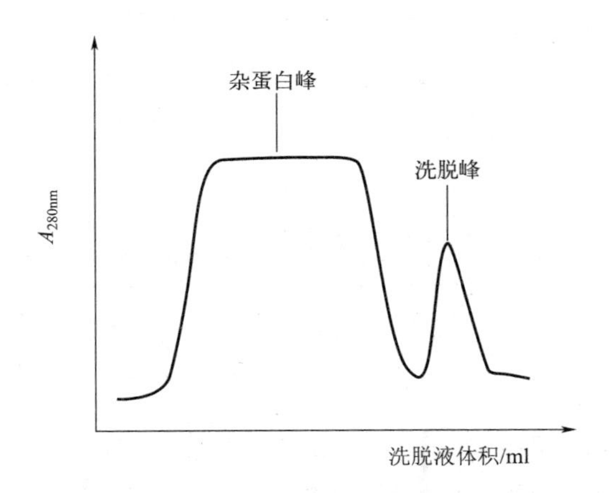

图 1-9　CHOM-Sepharose 4B 亲和色谱分离胰蛋白酶色谱图

五、实验结果

1. 亲和介质偶联率（%）

通过计算亲和介质偶联率可以评估 Sepharose 4B 介质与卵黏蛋白的结合情况，计算公式如下：

$$偶联率(\%)=\frac{加入的卵黏蛋白(mg)-未被偶联的卵黏蛋白(mg)}{加入的卵黏蛋白(mg)}\times 100\%$$

2. 纯胰蛋白酶浓度测定（mg/ml）

具体测定及计算方法见本节实验二。

3. 纯胰蛋白酶比活（U/mg）

具体测定及计算方法见本节实验二。

4. 纯胰蛋白酶总活性（U）

5. 胰蛋白酶活性回收率（纯酶总活性/粗酶总活性，%）

6. 纯化倍数（纯酶比活/粗酶比活）

六、思考题

1. 亲和色谱中为什么选用体积小的色谱柱？

2. 亲和介质 Sepharose 4B 活化剂各成分所起的作用分别是什么？

3. 加入亲和柱洗脱液后，没有出现洗脱峰，可能的原因是什么？

4. 分析亲和色谱分离曲线，并比较其与凝胶过滤色谱和离子交换色谱曲线的异同点。

第三节 生物化学创新实验

【学习导图】

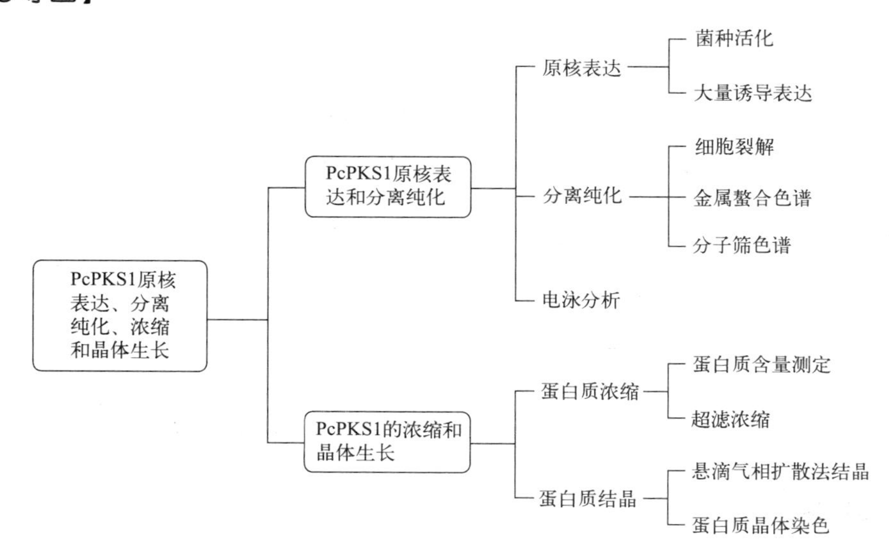

实验一

PcPKS1的原核表达和分离纯化

一、实验目的

1．理解蛋白质重组表达和分离纯化的基本原理。

2．掌握大肠杆菌原核诱导表达重组蛋白的基本方法，掌握超声裂解细胞、金属螯合色谱、分子筛色谱，以及SDS-PAGE等常用蛋白质分离纯化分析方法。

二、实验原理

植物聚酮合酶家族成员合成的聚酮类化合物是由植物产生的一大类次生代谢产物，主要包括酚类、芪类以及类黄酮化合物等。该类化合物具有显著多样的生物学活性，其中众多化合物具有抗肿瘤、心血管保护、抗氧化等功能。蓼科（Polygonaceae）植物虎杖（*Polygonum cuspidatum* Sieb. et Zucc.）根茎中分离得到的PcPKS1是植物聚酮合酶家族中具有查尔酮合酶（chalcone synthase，CHS)/苯亚甲基丙酮合酶（benzalacetone synthase，BAS）活性的酶，催化4-香豆酰辅酶A（*p*-coumaroyl-CoA）与丙二酰辅酶A（malonyl-CoA）通过一步脱羧缩合形成柚皮素查尔酮（naringenin chalcone）或苯亚甲基丙酮的关键反应，分别作为植物苯丁烷类化合物及其衍生物前体，以及黄酮类化合物生物合成的前体，具有多种生物学活性，见图 1-10。PcPKS1 由 393 个氨基酸构成，分子量为 43kDa。

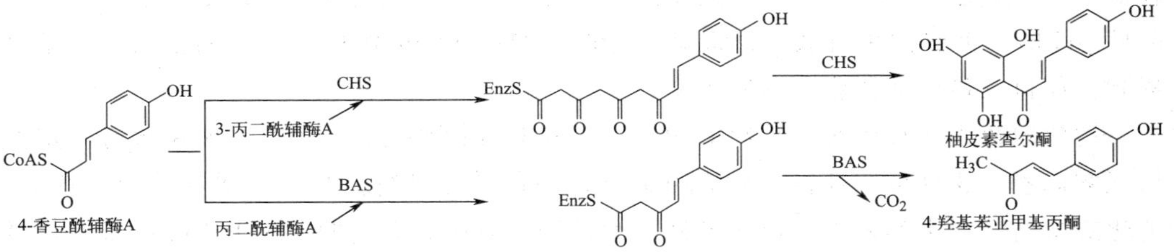

图 1-10　PcPKS1 的催化反应

蛋白表达是指用模式生物表达外源基因的一种分子生物学技术。蛋白表达系统由宿主、外源基因、载体和辅助成分等组成，通过这个体系可以实现外源基因在宿主中的表达。宿主可以为细菌、酵母、昆虫细胞、植物细胞、哺乳动物细胞等。蛋白表达系统首选为原核表达系统，通过基因克隆技术，将外源目的基因，通过构建表达载体并导入原核表达菌株的方法，使其在特定原核生物或细胞内表达。具有表达量高、操作简便、快速、经济、通用的特点。

E. coli 是重要的原核表达体系。*E. coli* 的乳糖操纵子（元）含 Z、Y 及 A 三个结构基因，分别编码半乳糖苷酶、透酶和乙酰基转移酶，此外还有一个操纵序列 O、一个启动序列 P 及一个调节基因 I。I 基因编码一种阻遏蛋白，后者与 O 序列结合，使操纵子（元）受阻遏而处于关闭状态。当有乳糖存在时，乳糖进入细胞，经 β-半乳糖苷酶催化，转变为异乳糖。后者作为一种诱导剂分子结合阻遏蛋白，使蛋白构象变化，导致阻遏蛋白与 O 序列解离、发生转录。异丙基硫代半乳糖苷（IPTG）的作用与异乳糖相同，是一种作用极强的诱导剂。

实验的前期，PcPKS1 被克隆至原核表达载体 pET30a（Novagen）（卡那霉素抗性）中，从而使 PcPKS1 以 C-端融合有 6His 标签的重组形式表达。pET30-PcPKS1 质粒被转化至 *E. coli* 表达菌株 BL21（DE3）pLysS（携带具有氯霉素抗性质粒）中。实验进行重组表达菌的大量培养，加入 IPTG 诱导剂，使 PcPKS1 在 *E. coli* 细胞中被诱导以胞内形式大量表达。

亲和色谱是由吸附色谱发展起来的，已经广泛应用于生物分子的分离和纯化，主要是根据生物分子与特定的固相化配基（ligand）之间的亲和力而使生物分子得到分离。酶与底物、酶与抑制剂、抗原与抗体、激素与激素受体等彼此分子之间的结合力就是亲和力。在进行亲和色谱过程中，被分离的生物分子在一定的条件下，有选择性地（高度特异性）被结合到共价偶联的不溶性载体的配基——亲和吸附剂上。改变原有条件，如选用竞争性抑制剂、底物、辅助因子或采用不同 pH 的缓冲液、高浓度盐、变性剂等，又可以有选择性地从亲和吸附剂上把被分离物质洗脱下来。

金属螯合亲和色谱是亲和色谱的一种，它以普通树脂作载体，连接上金属离子制成螯合吸附剂，用于分离纯化蛋白质。已知蛋白质中的组氨酸和半胱氨酸残基在接近中性的水溶液中能与镍或铜等金属离子形成比较稳定的络合物，因此，连接上镍或铜离子的载体树脂可以选择性地吸附含咪唑基和巯基的肽和蛋白质。过渡金属元素镍在较低 pH 范围时（pH 6～8），有利于选择性地吸附带咪唑基和巯基的肽和蛋白质，在碱性 pH 时，使吸附更有效，但选择性降低。增加咪唑的浓度能与目的蛋白竞争结合树脂，使目的蛋白从树脂上洗脱下来。

构建原核表达载体时，重组 PcPKS1 与 6His 融合表达，使其 C-末端含有特定的组氨酸标签，这种可溶性蛋白质能用金属亲和色谱法进行分离，且操作简单、快速、纯化效率高。在本实验中，经大肠杆菌大量培养后诱导表达的重组 PcPKS1 蛋白，经超声破碎细胞后，采用镍螯合亲和色谱纯化。实验中蛋白质与树脂结合采用批量法，即使重组蛋白与树脂在容器中通过摇动而充分结合，通过离心分离树脂，再装柱进行洗脱。

蛋白质脱盐：经镍柱纯化后的样品含有较高的盐和咪唑，为避免对后续实验造成干扰，对咪唑洗脱后的样品进行脱盐及除掉咪唑。蛋白质脱盐的方法很多，包括透析、超滤、分子筛（凝胶过滤）色谱、冷乙醇沉淀等。常用的有透析法和凝胶过滤色谱法，这两种方法各有利弊。前者的优点是透析后样品终体积较小，但所需时间较长，且盐不易除尽；凝胶过滤色谱法则能将盐除尽，所需时间也短，但其经凝胶过滤色谱后样品体积较大。所以，要根据具体情况选择使用。本实验采用凝胶过滤色谱法，采用 PD10 柱（填充剂为葡聚糖凝胶 G-25）进行脱盐，操作简单快速。从加样开始计算，收集 2.5～5.5ml 的流出液为脱盐蛋白峰，见图 1-11。

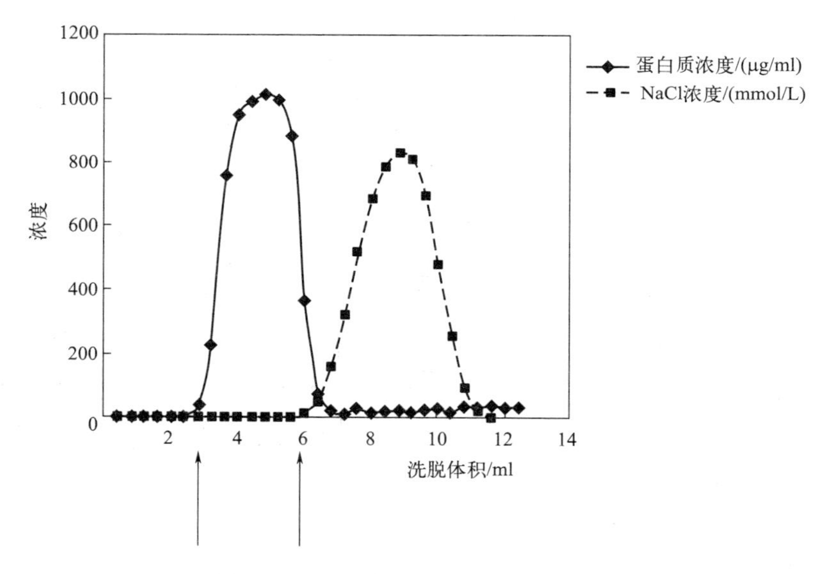

图 1-11　蛋白质与盐在 PD10 柱的分离

SDS-聚丙烯酰胺凝胶电泳（SDS-PAGE）是对蛋白质进行量化、比较及特性鉴定的一种经济、快速而且可重复的方法。SDS-PAGE 经常应用于提纯过程中纯度的检测，纯化的蛋白质通常在 SDS 电泳上应只有一条带，但如果蛋白质是由不同的亚基组成的，它在电泳中可能会形成分别对应于各个亚基的几条带。SDS-聚丙烯酰胺凝胶电泳具有较高的灵敏度，一般只需要不到微克级的蛋白质，而且通过电泳还可以同时得到关于分子量的情况，这些信息对于了解未知蛋白质及设计提纯过程都是非常重要的。

SDS是一种去垢剂，可与蛋白质的疏水部分相结合，破坏其折叠结构。SDS蛋白质复合物的长度与其分子量成正比。在样品介质和凝胶中加入强还原剂和去污剂后，电荷因素可被忽略。蛋白亚基的迁移率取决于亚基分子量，该法使混合蛋白质依据分子量不同来进行分离。

SDS-PAGE一般采用的是不连续缓冲系统，与连续缓冲系统相比，能够有较高的分辨率。不连续电泳使用不同孔径的凝胶，不同的pH和缓冲液。不连续电泳的凝胶由上至下依次为浓缩胶和分离胶。浓缩胶具有堆积作用，凝胶浓度较小，孔径较大，把较稀的样品加到浓缩胶上，经过大孔径凝胶的迁移作用而被浓缩至一个狭窄的区带。在试验中采用了线性薄片胶，即在两层支持的玻璃板之间形成的薄片状凝胶。由于薄片胶可在同一块胶上跑很多样品，使聚合、染色、脱色具有一致性，既可以减少电泳所需的时间和原材料，也可以提高分辨率。

本实验利用SDS-PAGE电泳对PcPKS1纯化过程中各个步骤的样品进行检测。

三、实验材料、试剂与设备

（一）实验材料

经转化后携带大肠杆菌原核表达载体pET30-PcPKS1的表达菌BL21（DE3）pLysS。

（二）实验试剂

1. 重组蛋白原核表达试剂

（1）LB培养基：分别称取10g蛋白胨、5g酵母提取物、10g NaCl于2L大烧杯中，加入适量蒸馏水，用玻璃棒搅拌至溶解，定容至1L，分装至1L三角瓶中，500ml/瓶，灭菌后常温或4℃保存。

（2）卡那霉素（50mg/ml）：取500mg本品溶于无菌蒸馏水，定容至10ml，分装后－20℃保存。

（3）氯霉素（34mg/ml）：取340mg本品溶于适量乙醇，定容至10ml，分装后－20℃保存。

（4）1mol/L IPTG：取2.383g本品溶于适量蒸馏水，定容至10ml，分装后－20℃保存。

2. 重组蛋白分离纯化试剂

（1）亮抑酶肽（Leupeptin，1mg/ml），溶于无菌蒸馏水，分装后－20℃保存。

（2）抑肽酶（Aproptinin，2mg/ml），溶于无菌蒸馏水，分装后－20℃保存。

（3）PMSF（17mg/ml）：溶于乙醇，分装后－20℃保存。

（4）DNase I（1mg/ml）：溶于10mmol/L pH 7.5 Tris、50%甘油、0.15mol/L NaCl，分装后−20℃保存。

（5）溶菌酶（100mg/ml）：溶于无菌蒸馏水，分装后−20℃保存。

（6）1mol/L DTT：1.543g本品溶于无菌蒸馏水，定容至10ml，分装后−20℃保存。

（7）0.5mol/L EDTA（公司购买）。

（8）1mol/L pH 7.5 Tris：称取三羟甲基氨基甲烷（Tris）121g溶于蒸馏水中，将烧杯置于冰上，加入HCl，混匀后用pH计调至pH 7.5，加蒸馏水定容至1000ml，常温保存。

（9）2mol/L咪唑储液：68.1g本品溶于适量蒸馏水，用HCl调至pH 7.5，定容至500ml。

（10）3mol/L NaCl：175.32g氯化钠溶于适量蒸馏水，定容至1000ml。

（11）Ni结合缓冲液（20mmol/L pH 7.5 Tris，300mmol/L NaCl，20mmol/L咪唑）：分别取10ml的1mol/L pH 7.5 Tris、50ml的3mol/L NaCl和5ml的2mol/L咪唑储液，加入适量蒸馏水，将烧杯置于冰上，调至pH 7.5，定容至500ml。

（12）Ni洗脱缓冲液（20mmol/L pH 7.5 Tris，300mmol/L NaCl，300mmol/L咪唑）：分别取5ml的1mol/L pH 7.5 Tris、25ml的3mol/L NaCl和37.5ml的2mol/L咪唑储液，加入适量蒸馏水，将烧杯置于冰上，调至pH 7.5，定容至250ml。

（13）脱盐缓冲液（20mmol/L pH 7.5 Tris，50mmol/L NaCl，0.5mmol/L EDTA）：分别取20ml的1mol/L pH 7.5 Tris、16.7ml的3mol/L NaCl和1ml的0.5mol/L EDTA储液，加入适量蒸馏水，将烧杯置于冰上，调至pH 7.5，定容至1000ml。

3. 蛋白电泳检测试剂

（1）2mol/L Tris-HCl（pH 8.8）储存液：称取24.4g Tris，加入50ml蒸馏水，烧杯在离心搅拌器上搅拌，缓慢地加浓盐酸，调溶液pH值至8.8。待溶液冷却至室温，加蒸馏水定容至100ml。

（2）1mol/L Tris-HCl（pH 6.8）储存液：称取12.1g Tris，加入50ml蒸馏水，烧杯在离心搅拌器上搅拌，缓慢地加浓盐酸，调溶液pH值至6.8。待溶液冷却至室温，加蒸馏水定容至100ml。

（3）工作液A液（凝胶溶液：丙烯酰胺∶亚甲基双丙烯酰胺＝29∶1）（公司购买）。

（4）工作液B液（4×分离胶缓冲液）：分别取75ml的2mol/L pH 8.8 Tris、4ml的10% SDS和21ml的蒸馏水，定容至100ml，4℃冰箱储存。

（5）工作液C液（4×堆积胶缓冲液）：分别取50ml的1mol/L pH 6.8 Tris、4ml的10% SDS和46ml的蒸馏水，定容至100ml，4℃冰箱储存。

（6）1%（*V*/*V*）TEMED溶液（公司购买）。

（7）10%（10g/100ml）过硫酸铵：称取过硫酸铵（AP）1g，溶于10ml蒸馏水中（用前配制）。

（8）SDS-PAGE电泳缓冲液：分别称取3g的Tris、14.4g的甘氨酸、1g的SDS，加入适量蒸馏水，定容至1L，室温长期保存。

（9）考马斯亮蓝染色液：1.0g考马斯亮蓝R-250，加入甲醇450ml、冰乙酸100ml、水450ml混匀，过滤。

（10）考马斯亮蓝脱色液：甲醇∶乙酸∶水按4∶1∶5的体积比例混匀，配制1L。

（11）蛋白质标记物（Marker）（公司购买）。

（12）5×蛋白上样缓冲液（公司购买）。

（三）实验设备

超净台、恒温水浴锅、恒温培养箱、分光光度计、台式高速离心机、超低温冰箱、超声破碎仪、蠕动泵、垂直板型电泳槽、电泳仪和染色槽等。

四、实验步骤

（一）PcPKS1的原核表达

1. 菌种的活化

PcPKS1蛋白表达菌株*E. coli* BL21（DE3）pLysS于−80℃冰箱取出，划线接种于补充双抗的LB培养板（终浓度卡那霉素50μg/ml、氯霉素34μg/ml），于37℃过夜培养出单克隆。

2. 大量培养

（1）挑PcPKS1单克隆接种于100ml LB液体培养基中，培养基补充100μl卡那霉素（50mg/ml）、100μl氯霉素（34mg/ml），于摇床37℃、250r/min过夜培养。

（2）将500ml灭菌后的LB培养基，每瓶加入500μl卡那霉素（50mg/ml），以及500μl氯霉素（34mg/ml）。

（3）转接：按1∶100的比例转接，将摇浑浊的菌液5ml接种至500ml加完抗生素的LB培养基中，摇床37℃、250r/min继续培养。

（4）期间约半小时测菌悬液A_{600nm}：取出1ml样品加入至1ml玻璃比色皿，LB培养基作参比溶液，当A_{600nm}=0.6～0.8时停止培养，达到所需浓度时间一般为2h左右。

3. 诱导表达与菌体收集

（1）每500ml培养物中加入250μl 1mol/L IPTG至诱导剂终浓度为0.5mmol/L。

（2）三角瓶置于控温摇床中，室温、250r/min诱导2h。

（3）将三角瓶中的液体转移至500ml的离心瓶中，配平，6000r/min、4℃ BECKMAN高速离心机中离心10min。

（4）弃上清液，用移液枪吸干沉淀外的残留液体，将沉淀用15ml Ni结合缓冲液悬浮，转移至50ml塑料离心管中，配平，6000r/min、4℃ BECKMAN离心机中离心10min，除去上清液。−20℃冰箱待用。

（二）重组蛋白的分离纯化

1. 细胞裂解

（1）配制裂解缓冲液。将小三角瓶置于冰上，取30ml Ni结合缓冲液于瓶中，加入蛋白酶抑制剂：300μl亮抑酶肽（1mg/ml），300μl抑肽酶（2mg/ml），300μl PMSF（100mmol/L），300μl DNase Ⅰ（1mg/ml）。操作过程要尽量快，因为抑制剂很容易失活。

（2）从−20℃冰箱取出收集的细胞，将管子置于盛有水的烧杯中化开。取100ml小烧杯置于冰上，用30ml冷裂解缓冲液重悬浮细胞，5ml移液器打匀，取样20μl ②（总蛋白）；加入600μl溶菌酶（100mg/ml）置于冰上孵育20min。

（3）细胞破碎采用超声方法，烧杯始终置于冰上，4×4s一组（10s间隔，重复做5组）（使用400W功率，JY92-IIDN，宁波新芝）。

（4）样品置于两个50ml白色圆底塑料离心管中，配平。台式超速离心机，10000r/min离心10min，留取上清液置于50ml离心管中，取样20μl ③（离心上清液）；沉淀重悬于30ml H_2O中，取样保存④（离心沉淀）。

2. Ni柱纯化

（1）取Ni树脂约5ml（保存液为20%乙醇）。

（2）置于50ml蓝盖离心管中，静置使树脂沉至管底，去除上清的乙醇溶液，尽量保留树脂。

（3）平衡树脂：加入25ml的Ni结合缓冲液，静置使树脂沉至管底，留树脂弃去上清液。

（4）重复操作步骤（3）一次。

（5）将步骤（4）中离心所得的上清液与处理后的Ni树脂混合，并用Ni结合缓冲液加满离心管，于4℃冰箱中用混合器摇2h；通过静置使树脂沉至管底，将上清液置于50ml离心管中，留样20μl ⑤（未与树脂结合蛋白）。

（6）在50ml离心管里的树脂中，再次加满Ni结合缓冲液，于4℃冰箱中用混合器摇10min，通过静置使树脂沉至管底，树脂留用，上清液留样20μl ⑥（洗树脂1）。

（7）在树脂中加入少量体积的Ni结合缓冲液，将树脂装柱，用少量体积的Ni结合缓冲液洗柱，收集洗柱液，留样20μl ⑦（洗树脂2）。

（8）将15ml Ni洗脱缓冲液与15ml Ni结合缓冲液稀释一倍配制成50% Ni洗脱缓冲液（30ml）置于冰上备用。用5倍体积50% Ni洗脱缓冲液洗柱（25ml），约每1ml收集于1.5ml离心管中；收集后加入5μl 1mol/L DTT、8μl 0.5mol/L EDTA至每收集管中，立即置于冰上或置于4℃冰箱保存。

（9）洗脱后的树脂用5倍体积（25ml）100% Ni洗脱缓冲液洗，5倍体积

(25ml)蒸馏水洗，从柱中取出，置于20%乙醇溶液中，4℃冰箱保存。

(10)用分光光度计测量每管 A_{280nm} 值：1cm石英比色皿，Ni结合缓冲液为参比溶液。

(11)取15ml离心管于冰上，A_{280nm} 值峰值处收集管合并，留样20μl ⑧(Ni柱洗脱液)。

(12)每步留出样品，加入蛋白上样缓冲液，沸水中沸3～5min，5000r/min离心5min，置于-20℃冰箱保存待SDS-PAGE电泳中使用。

3. 凝胶过滤色谱脱盐

(1)取50ml脱盐缓冲液，现用加入100μl 1mol/L DTT。

(2)将PD10脱盐柱铁架台固定好，打开柱子下端使上层液体流出。柱上加3.5ml脱盐缓冲液，流干后重复3次，平衡柱子(一共做4次，总体积3.5ml×4次)。

(3)将Ni柱洗脱液[Ni柱纯化步骤(11)]2.5ml上柱，用11.5ml脱盐缓冲液进行洗脱，1.5ml离心管每管接约1.2ml，接8管左右，样品置于冰上。

(4)用分光光度计测量每管 A_{280nm} 值：1cm石英比色皿，脱盐缓冲液为参比溶液。

(5)A_{280nm} 值峰值处收集管合并，留样20μl ⑨(PD10柱洗脱液)。

(6)留出样品，加入5×蛋白上样缓冲液，煮沸5min，5000r/min离心5min，置于-20℃冰箱保存，待SDS-PAGE电泳中使用。

(三)重组蛋白的电泳检测

1. 清洗电泳所用的玻璃板、梳子等，蒸馏水润洗、晾干，按设备使用说明装好，可先用水检查其密封性。

2. 小三角瓶中按表1-18配制10%分离胶，约需12ml分离胶。

表1-18 分离胶配制方法

项目	溶液	体积	备注
组分	A液(丙烯酰胺：亚甲基双丙烯酰胺=29：1)	4.0ml	
	B液	3.0ml	
	蒸馏水	5.0ml	
	10%(10g/100ml)过硫酸铵	50μl	(现用现配，后加)
	TEMED	10μl	4℃冰箱保存(后加)
配制量	12ml		
保存	现用现配，混匀		

3. 小心灌入分离胶，灌至离玻璃板上方一个梳子的距离即可，上面用水封好，待分离胶凝固(0.5h左右)。

4. 小三角瓶中按表1-19配制5%浓缩胶，约需4ml浓缩胶。

表 1-19　浓缩胶配制方法

项目	溶液	体积	备注
组分	A液(丙烯酰胺：亚甲基双丙烯酰胺=29：1)	0.67ml	
	C液	1.0ml	
	蒸馏水	2.3ml	
	10%(10g/100ml)过硫酸铵	30μl	4℃冰箱保存(后加)
	TEMED	5μl	4℃冰箱保存(后加)
配制量	4ml		
保存	现用现配,混匀		

5. 弃凝固的分离胶上层水封，滤纸尽量吸干水分，灌入浓缩胶至上层玻璃板，插入梳子，凝固 0.5h 以上。

6. 待胶凝固后，拔出梳子，将胶板放入电泳槽，加入适量的电泳缓冲液。

7. 用一次性注射器吸取电泳液，洗胶孔。

8. 点样：将于−20℃冻存的留样样品取出，10000r/min 离心 5min，取上清液点样，上样情况见表 1-20。第一孔不用。

9. 电压设定为 120V，待样品全部进入胶后可适当增大；待溴酚蓝指示剂接近电泳板下沿时，停止电泳。

10. 将电泳板取下，清水冲洗，小心地将胶与电泳板分离，置于塑料盒中，倒入适量考马斯亮蓝染色液将胶完全没过，在摇床上染色 1h。

表 1-20　SDS-PAGE 上样情况

上样孔编号	样品名称	上样量/μl
①	蛋白质标记物	10
②	总蛋白	5
③	离心上清液	5
④	离心沉淀	5
⑤	未与树脂结合蛋白	10
⑥	洗树脂 1	20
⑦	洗树脂 2	20
⑧	Ni 柱洗脱液	20
⑨	PD10 柱洗脱液	20

11. 将考马斯亮蓝染料倒入废染液缸，清水冲洗胶几次，倒入适量脱色液，在摇床上静置脱色过夜。可看出清晰条带，背景几乎完全脱色后，停止。

12. 将凝胶拍照，进行结果分析，结果示例见图 1-12。

五、实验结果

1. 金属螯合色谱曲线。

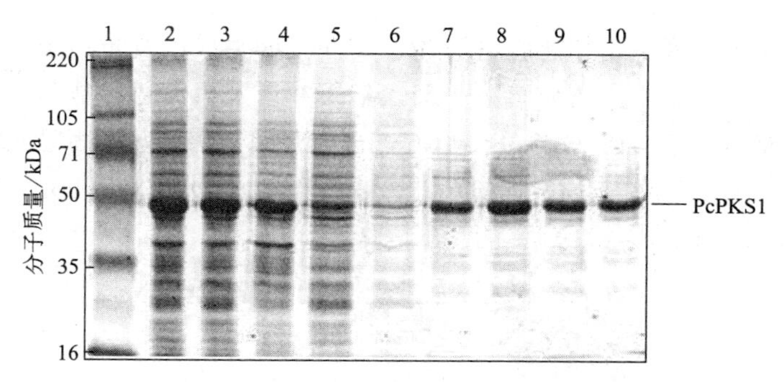

图 1-12 细胞裂解和 Ni 柱纯化 SDS-PAGE 电泳结果

1—蛋白质标记物；2—总蛋白；3—离心上清液；4—离心沉淀；5—未与树脂结合蛋白；6—洗树脂 1；7—洗树脂 2；8—Ni 柱洗脱液；9，10—PD10 柱洗脱液

2. 凝胶过滤色谱曲线。
3. SDS-PAGE 电泳结果。

六、思考题

1. Ni 柱纯化时，缓冲溶液中为何加入低浓度的咪唑？
2. Ni 柱纯化过程中，为什么使用高浓度的盐溶液？
3. PD10 柱脱盐时，应注意的操作有哪些？
4. SDS-PAGE 电泳结果，如果在 43kDa 附近没有目标条带，应如何解释？

实验二

PcPKS1 重组蛋白的浓缩和晶体生长

一、实验目的

1. 理解蛋白质浓缩、蛋白质结晶的基本原理。
2. 掌握超滤浓缩、悬滴法结晶和鉴定等基本方法。

二、实验原理

蛋白质浓缩（concentration）在生物化学研究中应用广泛，常用的蛋白质浓缩的方法包括：酸和有机溶剂沉淀法（丙酮沉淀法和三氯乙酸沉淀法对实验要求的设备简单，但是常常导致蛋白质变性）、硫酸铵沉淀法（盐析）、聚乙二醇沉淀法、离子交换色谱法（可用阴离子交换树脂进行浓缩）、透析法浓缩（透析主要用于更换蛋白质的缓冲溶液，如果在真空或吸湿环境中也可作为浓缩蛋白质的一种方法）、冷冻干燥浓缩法、超滤膜浓缩法、免疫沉淀法等。

超滤浓缩蛋白质是通过外力使蛋白质溶液通过滤膜而仍保留目的蛋白的方法，利用微孔纤维素膜通过高压将水分滤出，而蛋白质存留于膜上达到浓缩目的。实验室超滤主要是针对小体积蛋白质溶液（几毫升）进行，比其他的沉淀方法更不易引起蛋白质变性。浓缩的时间依所用超滤膜的类型、缓冲液的组成以及蛋白质的种类和浓度等因素而定。通过向浓缩的蛋白质溶液中加入新缓冲液及再离心，能很方便地更换蛋白质溶液的缓冲液和脱盐。以 Millipore Amicon Ultra 体系为例，微型浓缩器能分别截留平均分子量为 3kDa、10kDa、30kDa、50kDa 和 100kDa 的蛋白质组分，初始容量有 0.5ml、2ml、4ml、15ml 几种，见图 1-13。

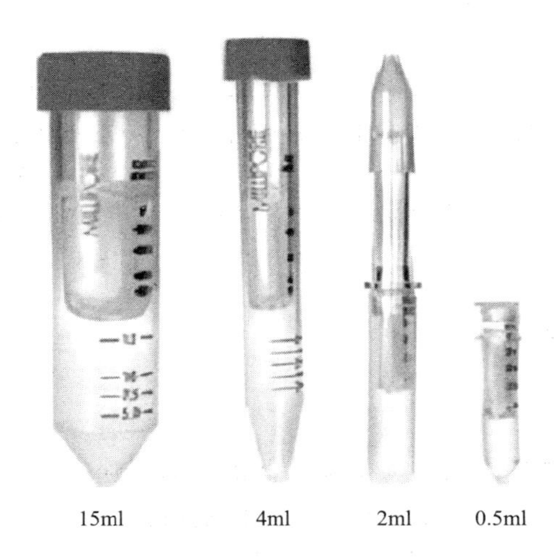

图 1-13 不同体积大小的超滤浓缩管

蛋白质浓度的估算：蛋白质在 280nm 处都有消光系数 A_{280nm}，PcPKS1 的消光系数是 0.958。当 PcPKS1 的浓度为 1mg/ml、测量用比色杯光程为 1cm 时，A_{280nm} 为 0.958。实验中 PcPKS1 最终被浓缩至 20mg/ml。

$$\text{PcPKS1 蛋白质浓度(mg/ml)}=\frac{A_{280nm}\times \text{稀释倍数}}{0.958}$$

生物大分子 X 射线晶体学是揭示分子结构与功能关系的科学。要进行 X 射线晶体结构分析，必须要得到适合于结构分析的晶体。在获得高纯度的浓缩蛋白质溶液后，可以进行晶体培养。蛋白质晶体与其他化合物晶体的形成类似，是一个有序化过程，是在饱和溶液中慢慢产生的，在溶液中处于随机状态的分子转变成有规则排列状态的固体。一般认为要使这种有序化过程开始，必须要形成一定大小的晶核，并使分子不断地结合到形成的晶核上（nucleation）。而蛋白质溶液能开始形成晶核，就必须使溶液达到过饱和（supersaturation）。蛋白质溶液的饱和度随溶解度的变化而变化，影响蛋白质溶解度的变量很多，包括蛋白质浓度、酸碱度、沉淀剂（precipitant）种类、离子浓度、温度等，见图 1-14。通过改变这些因素可以减少蛋白质的溶解度，

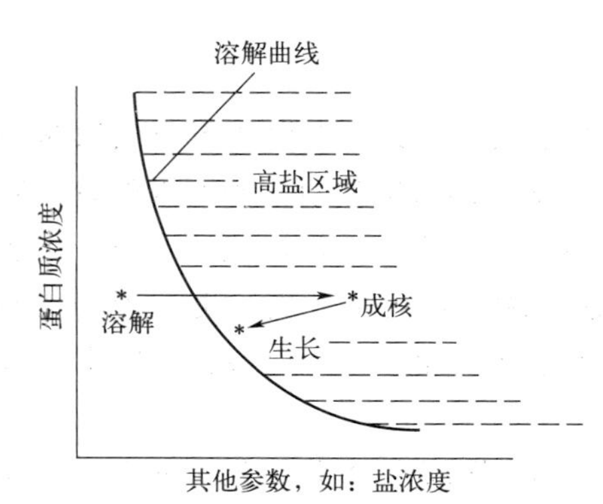

图 1-14 蛋白质溶解度曲线与蛋白质结晶原理

最后使溶液达到过饱和。而过饱和是一种不稳定的状态，在这种状态下产生晶核，其中一些晶核生长成大的晶体。从不稳定状态向稳定状态的转化可以加以控制，从而达到产生较少的晶核以长出大的晶体。

蛋白质晶体的培养方法包括批量法、透析法、液相扩散法和气相扩散法等。气相扩散法适用于微量筛选结晶条件。把待结晶蛋白质、高于此蛋白质结晶所需盐浓度的溶液和低于这种浓度的盐溶液放在一个密闭体系内，两种浓度不同的溶液由于发生蒸汽扩散最后达到平衡，随着溶液中沉淀剂浓度的增加蛋白质溶解性降低，从而使蛋白质达到过饱和而析出晶体。如图 1-15 所示，使用带有空穴的盘子，蛋白质溶液的液滴悬挂在盖玻片的下方，盖玻片覆盖在密封有沉淀剂溶液的空穴上方。盖玻片的表面经过硅化处理以阻止液滴在玻璃表面的铺展。

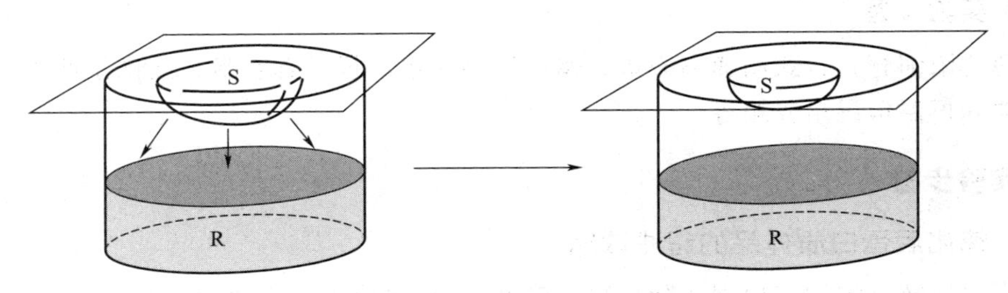

图 1-15　悬滴式气相扩散法结晶示意

S—含有蛋白质样品的悬滴；R—沉淀剂溶液；→—蒸汽扩散方向

在蛋白质晶体生长的过程中可能会有盐晶体出现，在继续实验前必须能够正确区分。可以从晶体的硬度上来判断，无机盐的晶体一般具有较高的硬度，而蛋白质晶体的硬度较小。使用工具触碰晶体，不会轻易被破坏表示可能为盐分，而容易被破坏可能为蛋白质晶体。可以利用盐与蛋白质晶体密度的差异来鉴别。把晶体放到合适密度的溶剂比如四氯化碳里，浮在上面的一般是蛋白质晶体，而沉下去的为盐晶体。可以根据晶体的形貌来判断，不同空间群的晶体一般具有不同的形貌特征，有经验的晶体学家可以从形貌来判断对应晶体的对称性，并据此判断它是盐晶体还是蛋白质晶体。利用染色法鉴定蛋白质晶体是简单易行的方法。蛋白质晶体能被汞溴酚蓝、氨基黑 10B 和考马斯亮蓝 R-250 或 G-250 等染色，小分子染料能够渗透大分子晶体的溶剂通道，使晶体呈色，而盐晶体不能吸收染料并保持无色，利用染料可以区分基于蛋白质和非蛋白质的相分离、区分蛋白质晶体和盐晶体。

三、实验材料、试剂与设备

（一）实验材料

纯化后达到电泳纯的蛋白质样品。

（二）实验试剂

1. 超滤浓缩溶液（20mmol/L pH 7.5 Tris，50mmol/L NaCl，1mmol/L EDTA，5mmol/L DTT）：分别取 400μl 的 1mol/L pH 7.5 Tris、334μl 的 3mol/L

NaCl 和 40μl 的 0.5mol/L EDTA 储液，加入蒸馏水，定容至 20ml。使用前加入 100μl 的 1mol/L DTT。

2. 50%（V/V）聚乙二醇 4000 溶液：称取 50g 聚乙二醇 4000，加入蒸馏水溶解后定容至 100ml，用 0.22μm 滤膜过滤除菌。

3. 1mol/L pH 7.5 Tris：称取 Tris（三羟甲基氨基甲烷）121g 溶于蒸馏水中，加入 HCl，混匀后用 pH 计调至 pH 7.5，加蒸馏水定容至 1000ml，常温保存。

4. 1mol/L DTT：1.543g 本品溶于无菌蒸馏水，定容至 10ml，分装后 −20℃ 保存。

5. 添加剂溶液：0.1mol/L 氯化钡（公司购买）。

6. 蛋白质晶体染色溶液：Hampton Izit crystal dye（公司购买）。

（三）实验设备

超滤浓缩管、台式高速离心机、蛋白质晶体培养板、真空脂、硅化盖玻片、微量进样器和恒温恒湿培养箱等。

四、实验步骤

（一）纯化后蛋白质样品的超滤浓缩

蛋白质超滤浓缩（根据实际情况，每 2～5 小组使用一个超滤浓缩管）：

（1）配制 20ml 超滤浓缩溶液，现用加入 100μl DTT（浓度 1mol/L）。

（2）将 5ml 超滤浓缩溶液加至超滤离心管，4500r/min 离心约 5min（Eppendorf 台式低温冷冻离心机），去除超滤离心管杂质，倒掉下层收集管废液。

（3）实验所用超滤离心管上层管可装约 4ml 液体，将脱盐后合并在一起的蛋白质样品分次转至超滤离心管中，离心浓缩至约 3ml，观察膜上有无沉淀，倒掉下层收集管废液。

（4）1ml 超滤浓缩溶液加至超滤离心管上层中，再将超滤离心管膜上约 4ml 体积的混合溶液离心，至 2ml。

（5）加入 2ml 超滤浓缩溶液至超滤离心管上层，下层收集管废液吸出 2ml 至 15ml 塑料离心管中；将超滤离心管膜上约 4ml 体积的混合溶液离心，至 1ml。

（6）加入 3ml 超滤浓缩溶液至超滤离心管上层中，下层收集管废液吸出 3ml 至 15ml 塑料离心管中；离心至合适的体积（依据所得样品量进行估算，单位 μl），约浓缩至原体积的二十分之一。

（7）取 10μl 蛋白质样品，稀释 100 倍，分光光度计 A_{280nm} 读数 0.20 对应蛋白质终浓度约为 20mg/ml。

（8）浓缩好的样品用加样枪移入 1.5ml 尖底离心管中，10000r/min 离心 5min。将上清液转移至新的离心管中，置于 −4℃ 冰箱备用。

（二）蛋白质结晶

1. 悬滴法蛋白质晶体培养

（1）依照表 1-21 配制沉淀剂溶液 #1～#6 各 0.5ml（100mmol/L pH 7.5 Tris，

10%～20% PEG 4000，10mmol/L DTT），用移液枪吹打混匀。

表 1-21　沉淀剂溶液配制方法

溶液编号	#1	#2	#3	#4	#5	#6
终浓度	10% PEG 4000 100mmol/L pH 7.5 Tris 10mmol/L DTT	12% 其余同#1	14% 其余同#1	16% 其余同#1	18% 其余同#1	20% 其余同#1
储液加入体积/μl						
a. 50% PEG 4000	100	120	140	160	180	200
b. 1mol/L pH 7.5 Tris	50	50	50	50	50	50
c. 1mol/L DTT	5	5	5	5	5	5
d. 双蒸水	345	325	305	285	265	245

（2）在 24 孔晶体培养板 A1 的边缘涂上真空脂。为了避免试剂的挥发以保证实验重复性，在操作的过程中用后的试剂要加盖拧紧。

（3）在孔中加入 0.5ml 配置好的沉淀剂溶液。

（4）18mm 经硅化处理的盖玻片擦净备用。

（5）在盖玻片上加入 1μl 浓缩后的蛋白质样品。

（6）从培养板孔中吸出 1μl 沉淀剂溶液，轻轻滴到蛋白质样品上，不混合。

（7）吸取 0.2μl 添加剂溶液（0.1mol/L 氯化钡）轻轻覆盖。

（8）将加好样品的盖玻片翻转，盖到加好沉淀剂溶液的孔的顶端，用小镊子轻轻压，确保盖玻片与培养板之间的真空脂将两者封闭。

（9）按照设定的条件在其他的孔中（A2～A6）重复同样的操作。

（10）将培养板置于恒温恒湿的培养箱中，隔日观察晶体生长情况，照相，结果示例见图 1-16。

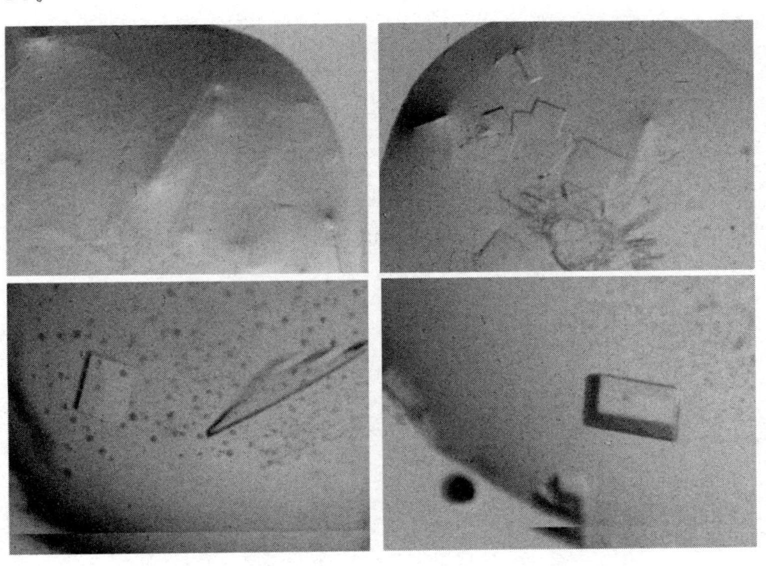

图 1-16　蛋白质晶体生长结果（见彩图）

2. 蛋白质晶体染色鉴定

1μl 蛋白质晶体染色液放入样品滴中并等待 1h 左右进行观察。

五、实验结果

1. 超滤浓缩蛋白质浓度的测定

$$蛋白质浓度(mg/ml)=\frac{A_{280nm}\times 稀释倍数}{0.958}$$

2. 蛋白质晶体生长结果

3. 蛋白质结晶染色结果

六、思考题

1. 浓缩蛋白质时，应注意的操作有哪些？

2. 蛋白质结晶时，为什么要调整蛋白质的浓度、沉淀剂的浓度，或者溶液的 pH 值？

3. 蛋白质晶体，为什么要进行染色鉴定？

第二章　分子生物学实验技术

第一节　分子生物学基础实验

【学习导图】

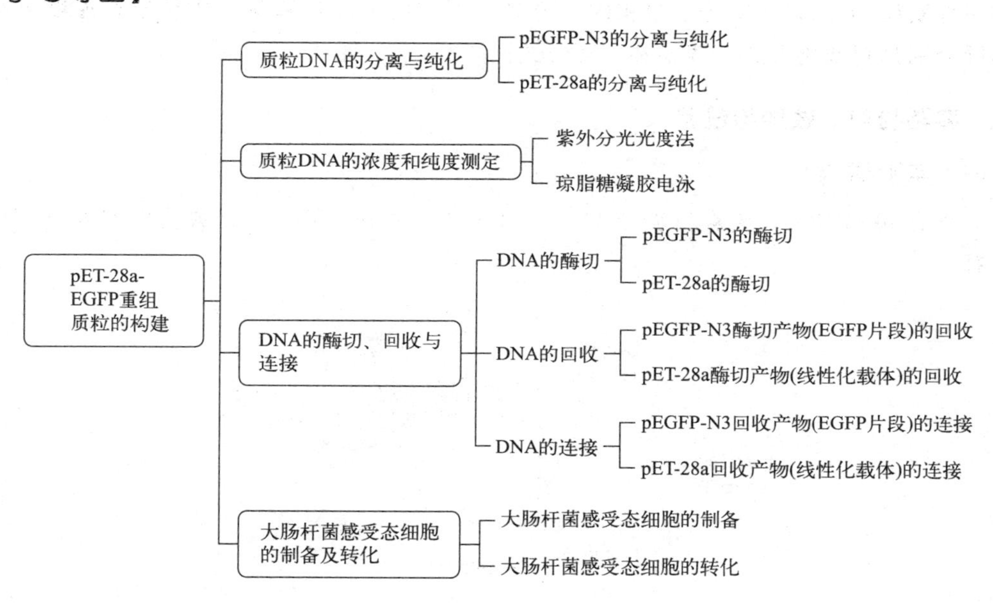

实验一

质粒 DNA 的分离与纯化

一、实验目的

学习并掌握最常用的质粒 DNA 提取方法——SDS 碱裂解法。

二、基本原理

质粒是细菌染色体外小型双链环状 DNA 分子，是能够自主复制的稳定的遗传单位。碱裂解法提取质粒的原理是共价闭合环状质粒 DNA 与线性染色体 DNA 在拓扑学上存在差异而达到分离的目的。培养含有大量质粒的细菌，离心收集菌体，用含葡萄糖的溶液Ⅰ悬浮菌体，用碱性 SDS 溶液（溶液Ⅱ）裂解大肠杆菌的细胞壁，释放出质粒，此时液体 pH 为 12.0～12.5，在此 pH 范围内，线性 DNA 双螺旋结构解开发生变性，而共价闭合环状的质粒 DNA 的氢键虽然会断裂，但质粒 DNA 的两条链仍然紧密结合在一起。当 pH 恢复成中性并有高浓度盐存在时（即加入溶液Ⅲ后），绝大多数变性质粒迅速复性，而线性染色体 DNA 不能复性，它们缠绕形成网状结构，与蛋白质、细胞壁碎片形成沉淀，通过离心被除去。上清液中的质粒可通过适当浓度的亲水有机溶剂（如乙醇、异丙醇等）使质粒 DNA 脱水，进而通过离心得到质粒沉淀。

在细菌体内，质粒 DNA 是以超螺旋形式存在的。当分子上有一个缺刻时，分子会发生松弛，形成开环分子；如果质粒的双链都断裂则形成线性质粒。一般提取的质粒中，超螺旋形式的质粒应占总量的 70%以上。在琼脂糖凝胶电泳中，不同构型的同一种质粒 DNA，尽管分子量相同，但具有不同的电泳迁移率。质粒迁移速度由快到慢分别是超螺旋形式、线性和开环形式。

三、实验材料、试剂与设备

（一）实验材料

含有 pEGFP-N3 质粒（图 2-1）或 pET-28a 质粒（图 2-2）的大肠杆菌 DH5α 菌种。

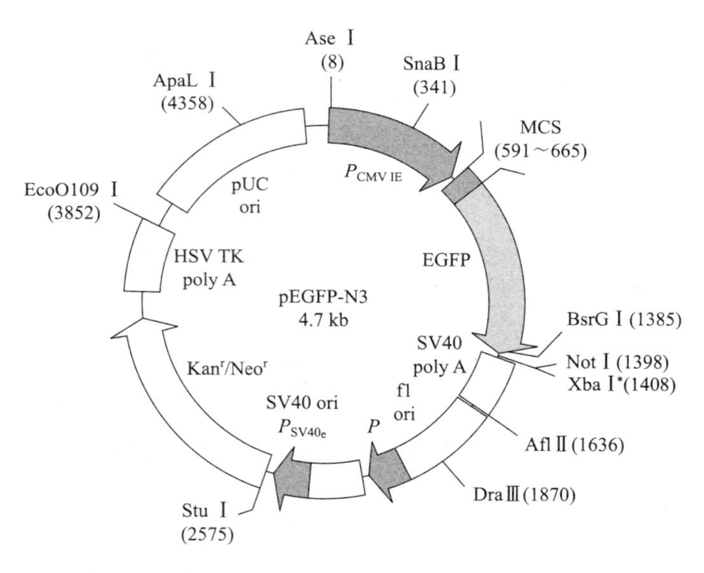

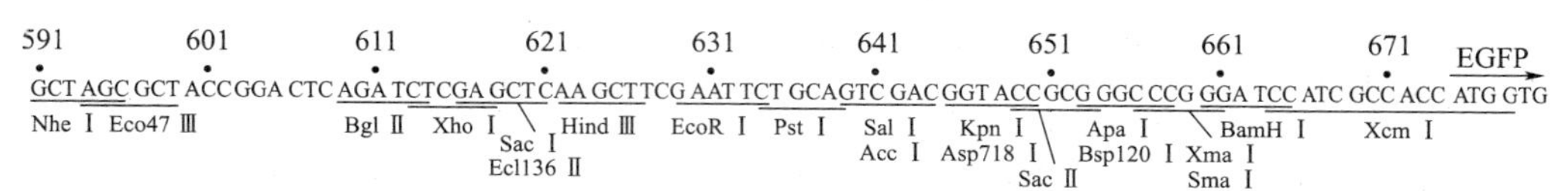

图 2-1 pEGFP-N3 质粒图谱

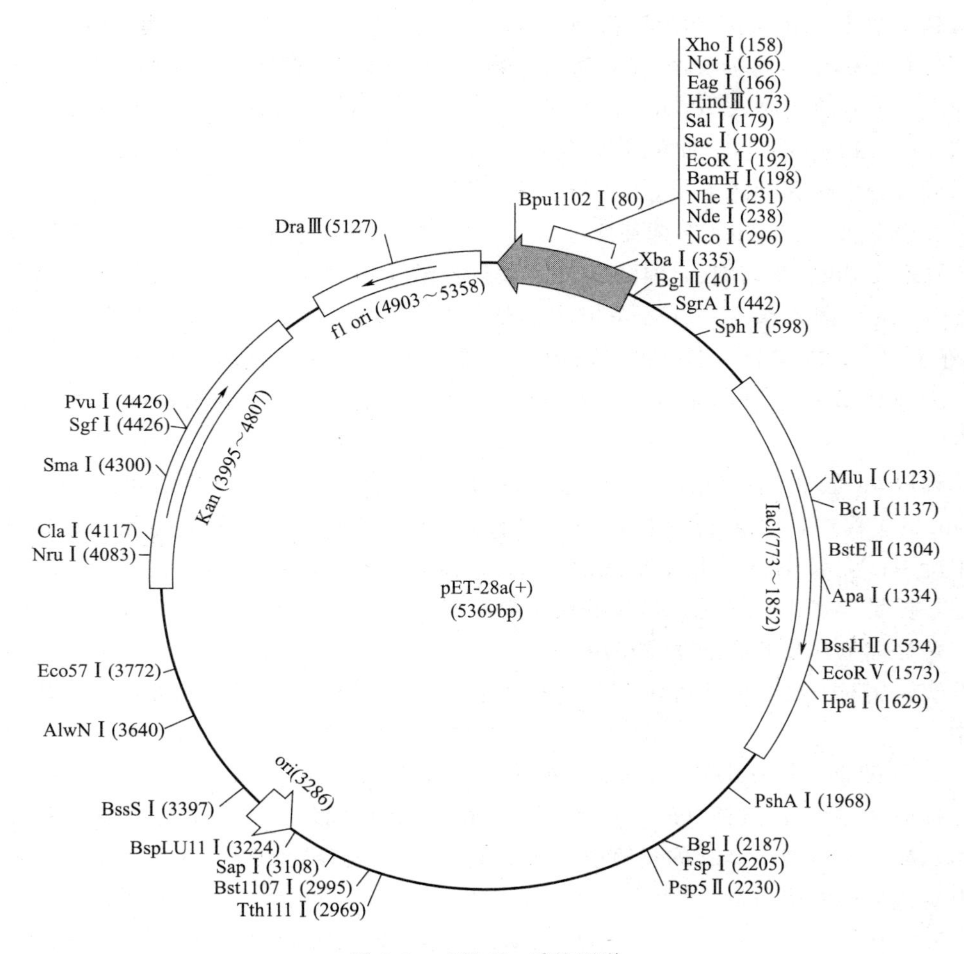

图 2-2　pET-28a 质粒图谱

（二）实验试剂

1. LB 培养基：按照表 2-1 配制 LB 培养基并进行高温高压灭菌。

表 2-1　LB 培养基配方

成分	液体	固体
蛋白胨	10g	10g
酵母提取物	5g	5g
NaCl	10g	10g
琼脂	—	15g
蒸馏水	定容至 1000ml	定容至 1000ml

（1）LB 液体培养基配制：称取 10g 蛋白胨、5g 酵母提取物、10g 氯化钠（NaCl）置于 1000ml 的烧杯中，加蒸馏水 500ml 溶解，转移到 1000ml 的量筒中，润洗多次，加蒸馏水定容到 1000ml 刻度，转移到 2000ml 的三角瓶中灭菌，或者分别

转移到两个1000ml的三角瓶中灭菌。

(2) LB固体培养基配制：称取10g蛋白胨、5g酵母提取物、10g氯化钠(NaCl)、15g琼脂倒入1000ml的烧杯中，加蒸馏水500ml溶解，润洗1～2次，转移到1000ml的量筒中，加蒸馏水定容到1000ml刻度，转移到2000ml的三角瓶中灭菌，或者分别转移到两个1000ml的三角瓶中灭菌。

2. 溶液Ⅰ：50mmol/L葡萄糖，25mmol/L Tris-HCl (pH8.0)，10mmol/L EDTA。

称取4.004g葡萄糖、1.4612g乙二胺四乙酸（EDTA）和1.514g三羟甲基氨基甲烷（Tris）倒入盛有300ml蒸馏水的烧杯中，溶解后，用1mol/L的盐酸溶液调pH值到8.0，转移到500ml的量筒中加蒸馏水定容到500ml刻度。

3. 溶液Ⅱ（现用现配）：0.2mol/L NaOH，1% SDS（先加水，再加NaOH和SDS）。

称取4g氢氧化钠（NaOH），边搅拌边缓慢倒入300ml的蒸馏水中，转移到500ml的量筒中，润洗1～2次，加蒸馏水定容到500ml刻度，贴好标签存放到试剂瓶中待用；称取5g十二烷基硫酸钠（SDS）倒入盛有400ml蒸馏水的试剂瓶，立即封盖，摇晃溶解，转移到500ml的量筒中，润洗1～2次，用蒸馏水定容到500ml刻度，贴好标签存放到试剂瓶中待用。

实验用时，将以上两种试剂等体积混合到离心管中，配成溶液Ⅱ，才可用于实验中。

4. 溶液Ⅲ（100ml）：5mol/L乙酸钾60ml，冰乙酸11.5ml。

称取29.44g乙酸钾（KAc）倒入200ml烧杯中，加60ml水溶解，加入11.5ml的冰乙酸，转移到100ml的量筒中，润洗1～2次，定容到100ml刻度线，贴好标签存放到试剂瓶中待用。

5. 无DNA酶的RNase A：溶解RNase A于TE缓冲液中，浓度为20μg/ml，煮沸10～30min，除去DNase活性，−20℃贮存。

6. TE缓冲液（pH8.0）[10mmol/L Tris-HCl（pH8.0）；1mmol/L EDTA]：取1ml 1mol/L Tris-HCl（pH8.0）、0.2ml 0.5mol/L EDTA，加蒸馏水定容到100ml。

7. 氯仿/异戊醇（24∶1）试剂的配制：在通风橱中分别量取240ml氯仿和10ml异戊醇转移到试剂瓶中，摇匀，放置到试剂柜中待用。

8. 70%乙醇的配制：在通风橱中量取70ml无水乙醇转移到100ml的量筒中，加30ml的蒸馏水定容到刻度，转移到试剂瓶中待用。

9. 其他试剂：无水乙醇等。

（三）实验设备

恒温摇床、恒温培养箱、超净台、制冰机、台式离心机和冰箱等。

四、实验步骤

1. 在含有质粒的大肠杆菌DH5α平板上挑取单克隆菌种，接种到5ml含有适当抗生素的 LB 培养基中。37℃振荡过夜。

2. 取 2.0ml 培养物倒入 2.0ml 离心管中，13000r/min 离心 1min，弃上清液。

3. 重复步骤 2。

4. 将管倒置于卫生纸上数分钟，使残留液体流尽。

5. 用 100μl 溶液Ⅰ重悬菌体沉淀，剧烈振荡。

6. 加入 200μl 新鲜配制的溶液Ⅱ，盖紧管口，快速轻柔颠倒离心管 5 次，混匀内容物（切勿振荡），冰浴 5min。

7. 加入 150μl 预冷的溶液Ⅲ，盖紧管口，将离心管温和颠倒数次，使溶液Ⅲ与内容物混匀，冰上放置 5min，13000r/min 离心 5min。

8. 上清液移入干净离心管中，加入 450μl 氯仿/异戊醇（24：1），振荡混匀，13000r/min 离心 2min。

注意：氯仿/异戊醇是有机溶剂，应在通风橱中进行操作。此外，吸取氯仿/异戊醇应直上直下操作，及时退掉枪头，防止移液枪被腐蚀。

9. 将水相移入干净离心管中，加入 450μl 氯仿/异戊醇（24：1），振荡混匀，13000r/min 离心 2min。

10. 将水相移入干净离心管中（注意：不要破坏水相和有机相的分界面，防止污染），加入 2 倍体积的无水乙醇，振荡混匀后，置于室温下 2min，然后 13000r/min 离心 5min。

11. 弃上清液，将管口敞开倒置于卫生纸上使所有液体流出，加入 1ml 70%乙醇洗沉淀，颠倒混匀后，13000r/min 离心 5min。

12. 吸除上清液，将离心管倒置于卫生纸上使液体流尽，室温干燥。

13. 将沉淀溶于 30μl 含 20μg/ml RNaseA 的 TE 缓冲液（pH8.0）中，保存于 −20℃冰箱。

五、实验结果

琼脂糖凝胶电泳检测质粒的完整性。

六、思考题

1. 溶液Ⅰ、Ⅱ、Ⅲ的作用分别是什么？

2. 如何分离质粒 DNA 和基因组 DNA？

七、附录

pEGFP-N3 载体是真核细胞表达载体，载体上携带有 EGFP 蛋白表达基因。绿色荧光蛋白（green fluorescent protein，GFP）最早是从维多利亚多管发光水母中分离到的蛋白质，由 238 个氨基酸组成，分子量约为 27.0，从蓝光到紫外线都能使其激发，发出绿色荧光。1996 年野生型和 S56T 突变体 GFP 的晶体结构被解出。GFP 蛋白是一个由 11 个围绕中心 α-螺旋的反平行 β-折叠组成的圆柱形桶状结构。桶状结

构内部侧链能诱发 α-螺旋中的 Ser65-Tyr66-Gly67 环化，形成发色团。发色团必须依赖由 Gln94、Arg96、His148、Thr203 和 Glu222 组成的稳定器才能产生荧光。这些侧链间的氢键作用和静电作用影响 GFP 及其衍生物的颜色、强度和光稳定性。由于 GFP 被激发后即可观察到绿色荧光，直接、简洁、便于检测，因此，GFP 在分子生物学实验中常被用作报告基因。EGFP 是增强绿色荧光蛋白（enhanced green fluorescent protein），是 GFP 的突变体（GFP 蛋白的第 64 位苯丙氨酸突变为亮氨酸，第 65 位丝氨酸突变为苏氨酸），发射出的荧光强度比 GFP 高 6 倍以上。

实验二

紫外分光光度法测定 DNA 浓度和纯度

一、实验目的

掌握紫外分光光度法测定 DNA 浓度和纯度的基本原理和方法。

二、基本原理

核酸因具有共轭苯环而吸收紫外光，核酸分子（DNA 和 RNA）在 260nm 处有最大吸收峰。蛋白质和酚类物质在 280nm 处有最大吸收峰，碳水化合物、盐和小分子则在 230nm 处有光吸收。因此，可利用这一特性对核酸进行检测和定量。

双链 DNA 的纯度可以通过 260nm 和 280nm 处的光吸收比值（$A_{260nm/280nm}$）来确定。纯双链 DNA 的 $A_{260nm/280nm}$ 比值约为 1.8，纯 RNA 的 $A_{260nm/280nm}$ 比值约为 2.0。如果质粒 DNA 样品的 $A_{260nm/280nm}$ 比值小于 1.8，表示样品中有蛋白质污染；如果 $A_{260nm/280nm}$ 大于 1.8，说明样品中有 RNA 污染。纯核酸的 $A_{260nm/280nm}$ 比值为 2.5 左右，若比值小于 2.0，则表示样品被碳水化合物、盐类或有机溶剂污染。

在核酸纯度达标的情况下，260nm 光吸收值为 1 时，双链 DNA 的浓度为 50μg/ml，单链 DNA 或 RNA 浓度为 40μg/ml。因此，双链 DNA 的样品浓度（μg/ml）= A_{260nm} × 稀释倍数 × 50，单链 DNA 或 RNA 的样品浓度（μg/ml）= A_{260nm} × 稀释倍数 × 40。

三、实验材料、试剂与设备

（一）实验材料

质粒 DNA（pEGFP-N3 和 pET-28a）。

（二）实验试剂

双蒸水。

（三）实验设备

核酸蛋白测定仪（Eppendorf）、移液枪等。

四、实验步骤

1. 打开 Eppendorf 核酸蛋白测定仪，进入主界面。

2. 选择“dsDNA”，在比色皿中加入 100μl ddH_2O，放入比色皿后选择核酸蛋白测定仪，按“blank”调零。

3. 取一个离心管，吸取质粒 DNA 5μl，再加入 95μl ddH_2O，移液枪吹打混匀。

4. 将 100μl 的质粒溶液移入比色皿中，避免产生气泡。

5. 按“sample”键，记录 260nm 下 DNA 的浓度（mg/ml）。并同时记录 A_{260nm}/A_{280nm}，A_{260nm}/A_{230nm}的比值，评估质粒 DNA 的纯度。

6. 计算质粒 DNA 母液的浓度，质粒 DNA 母液浓度（mg/ml）=测定的浓度×20（稀释倍数）。

五、实验结果

测定 pEGFP-N3 和 pET-28a 质粒的纯度和浓度。

六、思考题

如果质粒的纯度不达标或浓度偏低，分析可能的原因。

实验三

琼脂糖凝胶电泳

一、实验目的

掌握琼脂糖凝胶电泳的基本原理和方法。

二、基本原理

琼脂糖凝胶电泳是一种简单、快速分离纯化、鉴定 DNA 的方法。DNA 样品的泳动受多种因素的影响。DNA 分子在高于等电点的 pH 溶液中带负电，在电场中向正极移动。在一定的电场强度下，DNA 分子的迁移率取决于分子筛效应，主要是 DNA 分子本身的大小和构型。DNA 分子的迁移速率与分子量的对数值成反比。此外，琼脂糖凝胶电泳也可以将分子量相同但构型不同的 DNA 分子分离开。超螺旋状、开环状和线状质粒 DNA 在琼脂糖凝胶中以不同速率迁移。质粒迁移速度由快到慢分别是超螺旋状、线状和开环状。

三、实验材料、试剂与设备

（一）实验材料

质粒 DNA。

（二）实验试剂

1. 50×TAE：称取 242g Tris、37.2g Na_2-EDTA · $2H_2O$，加入 800ml 去离子水，充分搅拌溶解，加入 57.1ml 乙酸，充分混匀，调 pH 值到 8.0～8.5 之间，定容至 1000ml。

2. GeneFinder-溴酚蓝上样缓冲液

6×上样缓冲液：0.25%溴酚蓝，0.25%二甲苯青 FF，40%（40g/100ml）蔗糖水溶液。配制好后可以按 50：1 的比例稀释 GeneFinder。

3. 1%琼脂糖凝胶的配制：量取 30ml 1×TAE 缓冲液于三角瓶中，精确称取 0.3g 琼脂糖加到三角瓶中，于微波炉中加热至完全熔化，冷却到 60℃直接倒入制胶板中制胶。

4. 其他试剂：琼脂糖，DNA 标记物（Marker）。

（三）实验设备

核酸电泳仪、电泳胶板、冰箱和凝胶成像仪等。

四、实验步骤

（一）1%琼脂糖凝胶的配制

1. 加 30ml 1×TAE 缓冲液于三角瓶中，加入 0.3g 琼脂糖。
2. 于微波炉中加热至完全熔化，冷却至 60℃左右。
3. 将琼脂糖凝胶液轻缓倒入加上梳子的电泳胶板中，静置冷却 30min 以上。
4. 待琼脂糖凝胶凝固后，轻轻拔出梳子。
5. 将琼脂糖凝胶放入电泳缓冲液（1×TAE）中，使电泳缓冲液刚好没过凝胶约 1mm。

（二）琼脂糖凝胶电泳

1. 取 5μl 质粒 DNA 及 2μl 上样缓冲液（含 GeneFinder）混匀上样。为了检测 DNA 的大小和粗略计算其浓度，还需要根据目标 DNA 分子的大小，选择合适范围的 DNA 标记物上样 5μl。
2. 在 50～100V 电压下进行电泳，时间为 0.5～1h。
3. 用凝胶成像仪观察结果。

五、实验结果

观察琼脂糖凝胶上质粒 DNA 分子的大小是否正确。

六、思考题

1. 分析提取的质粒在琼脂糖凝胶电泳后有几条带，分别是哪种构型的质粒 DNA？
2. 如何根据标记物的亮度估算待测样品中目标条带的浓度？

实验四

DNA的酶切、回收与连接

一、实验目的

1. 掌握使用限制性内切酶进行DNA酶切的原理和方法。
2. 掌握使用试剂盒回收凝胶片段的方法。
3. 掌握使用T4 DNA连接酶连接的方法。

二、实验原理

限制性核酸内切酶是能够识别双链特定DNA序列并将DNA双链切开的酶。常用的限制性核酸内切酶为Ⅱ型内切酶，其识别序列为反转重复序列（即具有180°旋转对称特点），长度为4～6bp，在酶切后使酶切位点上产生平末端或3′突出或5′突出的黏性末端，如图2-3所示。

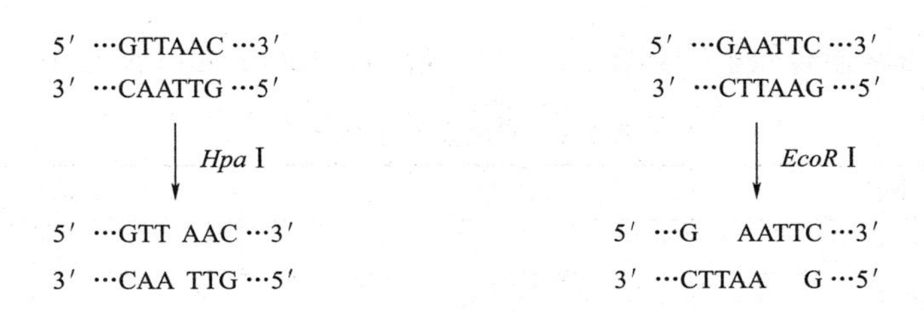

图2-3　两种限制性内切酶酶切位点产生的末端示意图

根据限制性核酸内切酶的特点（图2-4），建立一个液体反应环境，使酶能够最大限度地发挥其酶切双链DNA的作用。

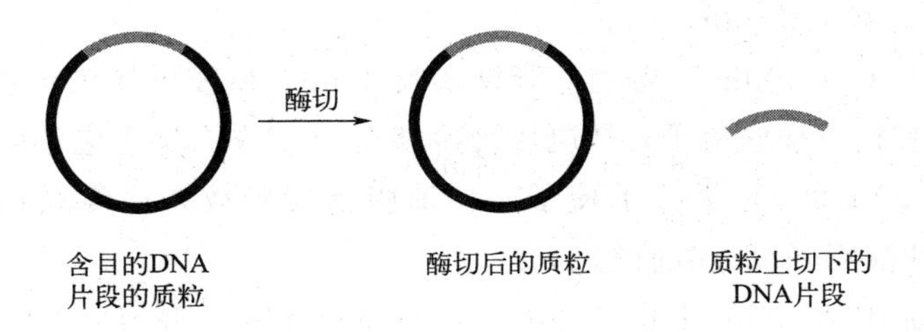

图2-4　限制性内切酶酶切质粒DNA示意图

经过限制性核酸内切酶切割得到的DNA片段，只有末端DNA碱基配对，则可以使用DNA连接酶使相邻的3′-OH（羟基）和5′-P（磷酸基团）连接起来形成磷酸二酯键，进而形成新的DNA分子（图2-5）。DNA连接酶通常指T4 DNA连接酶。

5′ …ACG 3′ …TGCTTAA	+	AATTCGT…3′ GCA…5′	T4 DNA连接酶 →	5′ …ACGAATTCGT…3′ 3′ …TGCTTAAGCA…5′

图 2-5　黏性末端 DNA 连接示意图

三、实验材料、试剂与设备

（一）实验材料

含有目的基因的质粒 pEGFP-N3，载体质粒 pET-28a。

（二）实验试剂

限制性内切酶 BamH I，Not I，10×K 缓冲液，T4 DNA 连接酶。

（三）实验设备

水浴锅、移液器、电泳槽、电泳仪、制冰机和凝胶成像仪等。

四、操作步骤

（一）酶切

1. 按照表 2-2 混合双酶切体系（30μl），混匀，1000r/min 离心 10s。

表 2-2　双酶切反应体系

反应物	pEGFP-N3/μl	pET-28a/μl
质粒	18	18
BamH I	2	2
Not I	2	2
10×K 缓冲液	3	3
ddH_2O	5	5

2. 37℃水浴酶切 2～3h。

3. 配制 1%（1g/100ml）普通琼脂糖凝胶 30ml，微波炉加热至完全融化。

4. 在电泳胶板上插好梳子，待凝胶液冷却至 60℃左右倒于电泳胶板上。

5. 待凝胶凝固后，轻柔拔下梳子，将琼脂糖凝胶放入电泳缓冲液（1×TAE）中，使电泳缓冲液刚好没过凝胶约 1mm。

6. 酶切样品中加入 5μl 上样缓冲液（含 GeneFinder）混匀，上样。

7. 100V 电泳约 0.5h。

8. 用凝胶成像仪观察质粒 DNA 条带的酶切情况，并采集照片。

（二）回收酶切产物（采用天为时代 DNA 回收试剂盒进行回收）

1. 用干净的刀片将需要的 DNA 条带从凝胶上切下来（胶块尽量切小），称取重量。

2. 以 0.1g 凝胶对应 300μl 的体积加入溶胶液 PN。

3. 50℃水浴 10min，期间不断温和地上下颠倒离心管至胶完全溶解。

4. 将上一步得到的溶液加入到一个吸附柱中，再将吸附柱放入收集管，13000r/min 离心 60s，弃掉收集管中的废液。

5. 加入 800μl 漂洗液 PW，13000r/min 离心 60s，弃掉收集管中的废液。

6. 加入 500μl 漂洗液 PW，13000r/min 离心 60s，弃掉收集管中的废液。

7. 将吸附柱放回收集管，13000r/min 离心 2min，将残留的废液弃去。

8. 取出吸附柱，放入一个新的离心管中，在吸附膜的中间位置加入 30μl 洗脱缓冲液 EB（洗脱缓冲液先在 65℃水浴预热），室温放置 2min，13000r/min 离心 1min，然后将离心的溶液重新加回离心吸附柱中，13000r/min 离心 1min。

9. 置于－20℃保存。

（三）连接

按照表 2-3 配制连接反应体系，16℃或室温下连接过夜。

表 2-3　连接反应体系

反应物	体积/μl
回收的线性化 pET-28a 质粒	5
GFP 基因片段	12
T4 DNA 连接酶	1
连接缓冲液(10×)	2

五、实验结果

酶切及回收后进行琼脂糖凝胶电泳，观察酶切及回收的效果。

六、思考题

酶切及回收后的电泳结果是否正常？如果不正常，可能是哪里出现了问题？

实验五

大肠杆菌感受态细胞的制备及转化

一、实验目的

1. 掌握大肠杆菌感受态细胞制备方法的原理和操作要点。

2. 掌握转化大肠杆菌细胞的原理和方法。

二、基本原理

感受态细胞是处于接受外源 DNA 的生理状态的细胞。培养至对数生长期的大肠杆菌在 0℃经过低渗 $CaCl_2$ 处理后，会使细胞膜的透性发生改变，即可得到感受态细胞。将质粒与感受态细胞混合并在0℃静置30min，DNA即可黏附于细胞表面，再经过短暂的热刺激（42℃，90s）促进质粒进入细胞，实现大肠杆菌转化。转化了质粒DNA的大肠杆菌可以表达质粒上的抗性基因，在含有相应抗生素的LB培养基上可以生长，而未转化的大肠杆菌细胞则不能生长，由此可以对大肠杆菌转化进行初步筛选。

常用的大肠杆菌感受态细胞包括DH5α、BL21等类型，其中DH5α主要用于构建质粒、提取质粒，BL21则主要用于非毒性蛋白的表达。

三、实验材料、试剂与设备

（一）实验材料

DH5α，pET-28a重组质粒DNA。

（二）实验试剂

1. 0.1mol/L $CaCl_2$ 溶液的配制：称取1.1g $CaCl_2$ 放置在三角瓶中，用100ml的蒸馏水定容，用封口膜封住，放置到灭菌锅待灭菌。

2. 50μg/ml氨苄西林的配制：称取0.5g氨苄西林溶解到10ml的蒸馏水中，分装到1.5ml的离心管中在−20℃保存，用时稀释1000倍。

3. 50μg/ml卡那霉素的配制：称取0.5g卡那霉素溶解到10ml的蒸馏水中，分装到1.5ml的离心管中在−20℃保存，用时稀释1000倍。

（三）实验设备

水浴锅、高压灭菌锅、移液器、超净工作台、离心机、振荡培养箱和制冰机等。

四、操作步骤

（一）LB液体和固体培养基的配制

按照表2-4配制LB培养基，将配制好的LB培养基进行高温高压灭菌，灭菌后添加相应的抗生素。氨苄西林和卡那霉素等抗生素不耐热，如果培养基温度过高，容易导致抗生素失效。应使培养基降温至60℃左右后，再加入抗生素。但也不能使培养基的温度过低，否则容易出现气泡甚至过早凝固。75mm直径的培养皿约需15ml培养基。

表2-4 LB培养基配方

成分	液体	固体
蛋白胨	10g	10g
酵母提取物	5g	5g
NaCl	10g	10g
琼脂	—	15g
蒸馏水	定容至1000ml	定容至1000ml

（二）感受态细胞的制备（$CaCl_2$ 法）

1. 将大肠杆菌 DH5α 或 BL21 单菌落放入 3ml LB 液体培养基（不含抗生素），37℃摇床培养过夜。

2. 取 500ml LB 液体培养基（不含抗生素），加入 500μl 步骤 1 所得的过夜培养菌液，37℃摇床培养 3～4h，测量 A_{600nm} 在 0.4～0.6 之间。

3. 将 DH5α 或 BL21 培养液转入无菌离心管中，冰上放置 10min，4℃ 4000r/min 离心 5min。

4. 弃去上清液，用预冷的 0.1mol/L $CaCl_2$ 溶液 30ml 轻柔悬浮细胞，冰上放置 20min，4℃ 4000r/min 离心 5min。

5. 弃去上清液，加入 30ml 预冷的 0.1mol/L $CaCl_2$ 溶液，轻柔悬浮细胞，冰上放置 5min，即制成感受态细胞悬液，分装至无菌的 1.5ml 离心管中，每管 100μl，投入液氮冷冻，转入－80℃冰箱长期保存。

注：以上操作都需要在超净工作台中完成，所用器具均需进行灭菌，防止感受态细胞被污染。

（三）转化涂板

1. 取 2 管 100μl DH5α 感受态细胞，第 1 管加入 10μl ddH_2O，第 2 管加入连接产物 10μl，轻轻混匀，冰上放置 30min。

2. 42℃水浴中热击 90s，然后迅速转移至冰上静置 5min。

3. 分别向管 1、管 2 中加入 1ml LB 液体培养基（不含抗生素），混匀后在 37℃振荡培养 60min。

4. 在超净工作台中，从管 1 中取 500μl 菌液涂布于含卡那霉素（Kan^+）和不含卡那霉素（Kan^-）的 LB 平板上，从管 2 中取 50μl 和 500μl 菌液分别涂布于 2 个含卡那霉素（Kan^+）的 LB 平板上（图 2-6）。将平板在超净工作台中放置 10～15min，待培养皿上没有液体后，转入 37℃恒温培养箱，倒置培养 20h。

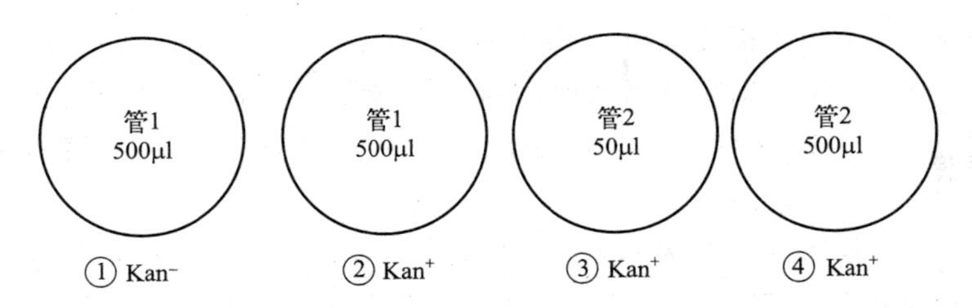

图 2-6　LB 平板抗性及涂布菌液示意图

五、实验结果

观察过夜培养后 LB 平板上的菌落生长情况，拍照并记录。

正常情况下，①号平板上长出菌落，②号平板上没有菌落，则说明感受态细胞制备成功；③号、④号平板上均长出菌落，或只有④号平板上长出菌落，都说明转化成功。

六、思考题

1. 分析预测图 2-6 中四个平板上菌落生长情况应该是什么样？
2. 实验结果与预期是否一致？如果不一致，可能是什么原因导致的？

第二节　分子生物学综合实验

【学习导图】

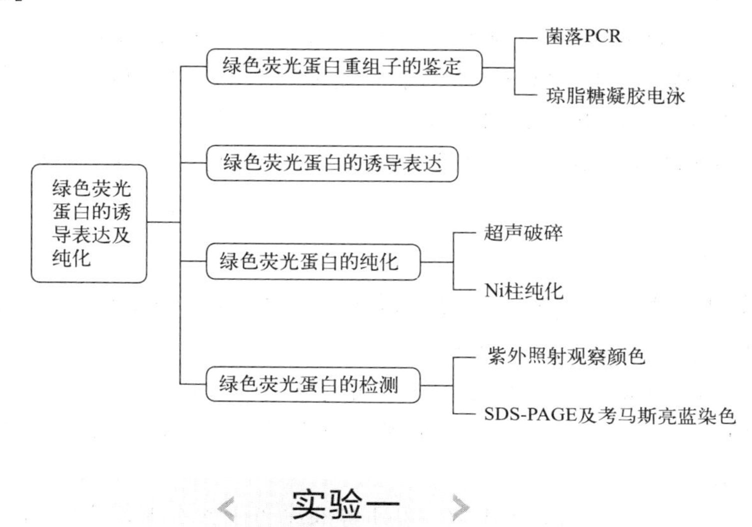

实验一

绿色荧光蛋白重组子的鉴定（菌落 PCR 法）

一、实验目的

1. 掌握菌落 PCR 法鉴定重组质粒 DNA 的基本原理。
2. 了解菌落 PCR 法鉴定菌落及保存的操作方法。

二、基本原理

外源 DNA 与载体分子连接形成的 DNA 称为重组子。重组子转化进大肠杆菌后，需要对转化菌落进行鉴定，以确认目的 DNA 片段是否正确地插入到载体的相应位置。菌落 PCR 是常用的鉴定方法。

聚合酶链反应（polymerase chain reaction，PCR），是通过模拟体内 DNA 复制的方式，在体外选择性地将 DNA 某个特殊区域扩增出来的技术。在微量离心管中，加入适量的缓冲液、微量的模板 DNA、四种脱氧单核苷酸、耐热性多聚酶、一对合成 DNA 的引物，进行高温变性、低温退火和中温延伸三个阶段为一个循环的反应过程，每一次循环使特异区段的基因拷贝数放大一倍，一般样品经过 30 次循环则使基因放大了数百万倍，实现了特异区段 DNA 的扩增。

菌落 PCR 法是以单个菌落作为模板，直接以菌体热解后暴露的 DNA 为模板进行 PCR 扩增，使用插入片段上的引物来筛选阳性克隆。常被用于筛选转入目的基因的阳性菌落。

三、实验材料、试剂与设备

（一）实验材料

pET-28a-GFP 重组质粒转化培养的菌落。

（二）实验试剂

dNTP（10mmol/L），Taq 酶（5U/μl），$MgCl_2$（25mmol/L），10×Taq 缓冲液。

GFP 正向引物：5′-GGG CAT ATG GTG AGC AAG GGC GAG G-3′。

GFP 反向引物：5′-GGG CTC GAG TTA CTT GTA CAG CTC G-3′。

（三）实验设备

PCR 仪、小型台式离心机、冰箱、小型混合器、电泳槽和电泳仪、1.5ml 离心管、200μl 离心管、移液器及吸头、凝胶成像仪和恒温培养箱等。

四、实验步骤

1. 配制反应体系

按照表 2-5 配制 PCR 反应体系，并将反应体系加入到 200μl 离心管中。

表 2-5　PCR 反应体系

反应物	体积/μl
dNTP(10mmol/L)	0.4
正向引物	1
反向引物	1
Taq 酶(5U/μl)	0.5
$MgCl_2$(25mmol/L)	1.2
10×Taq Buffer	2
ddH_2O	13.9

2. 挑取菌落

在菌板上随机选取 5 个菌落，用无菌枪头挑取菌落，在已准备好的含有卡那霉素（Kan^+）的固体培养基中轻划一下（此步为了保存菌种），然后将枪头上余下的菌置于装有 PCR 反应体系的离心管中，轻轻搅动几次（此步为了将菌加入 PCR 反应体系作为反应模板）。

3. 设置 PCR 反应程序

95℃ 5min

95℃ 30s ⎫
58℃ 30s ⎬ 35个循环
72℃ 45s ⎭
72℃ 10min
4℃ 保存

4. PCR产物的检测

在PCR产物中加入5μl溴酚蓝-GeneFinder混合液，按编号顺序加入1% DNA琼脂糖凝胶电泳的加样孔，100V下进行30min电泳，用凝胶成像仪观察并拍照。

五、实验结果

菌落PCR琼脂糖凝胶电泳。

六、思考题

如何判断菌落PCR电泳结果中的条带为目的条带？

实验二
绿色荧光蛋白的诱导表达

一、实验目的

掌握用IPTG诱导绿色荧光蛋白表达的基本原理及基本操作步骤。

二、实验原理

IPTG（异丙基硫代-β-L-半乳糖苷）是一种常见的诱导基因表达的诱导剂，结构类似乳糖。

GFP基因连接到pET-28a的多克隆位点（MCS），GFP基因的表达受其上游T7启动子和操纵基因O位点以及结合到这些顺式作用元件的蛋白因子的控制。lacI基因编码阻遏蛋白，能够以四聚体的形式结合到操纵序列O上，从而抑制大肠杆菌中的RNA聚合酶与启动子P的结合，也就间接阻遏了下游GFP基因的表达。当加入含lac操纵子的诱导剂IPTG（异丙基硫代-β-L-半乳糖苷）后，IPTG可与阻遏蛋白四聚体结合，改变阻遏蛋白的构象，使阻遏蛋白不能再与O位点结合。大肠杆菌中的T7 RNA聚合酶结合到T7启动子位点，进而启动GFP基因的转录，最终翻译出GFP蛋白。

三、实验材料、试剂与设备

（一）实验材料

BL21，pET-28a重组质粒DNA。

（二）实验试剂

LB 液体培养基，50mg/ml 卡那霉素，1mol/L IPTG。

（三）实验设备

离心机、冰箱、小型混合器、移液器、恒温培养箱、手持式紫外灯和超净工作台等。

四、实验步骤

1. 取阳性克隆质粒 DNA 转化大肠杆菌 BL21 感受态细胞，涂布在含有卡那霉素（Kan^+）的固体 LB 培养基上，37℃培养 20h。

2. 挑取单菌落接种于 5ml 液体 LB 培养基（含有 Kan^+），37℃振荡培养过夜。

3. 取 4 支无菌带盖试管，加入 5ml 新鲜 LB 液体培养基（含有 Kan^+），按 1∶20 稀释比例加入步骤 2 的过夜菌液，37℃培养至 A_{600nm} 为 0.6～0.8（需要 2～3h）。

4. 在步骤 3 的菌液中加入 1mol/L IPTG 至终浓度为 1mmol/L，在 30℃摇床中振荡培养诱导蛋白质表达，四支试管分别诱导 0h、1h、2h、3h。

5. 每支试管取 1.5ml 诱导后的菌液，10000r/min 离心 5min，弃上清液，收集沉淀，再重复一次本步骤收集沉淀。

6. 观察蛋白质表达。用紫外透射仪照射菌体沉淀，可以看到绿色荧光。拍照并保存照片。

五、实验结果

比较不同诱导时间的菌体颜色（如图 2-7 所示），并解释原因。

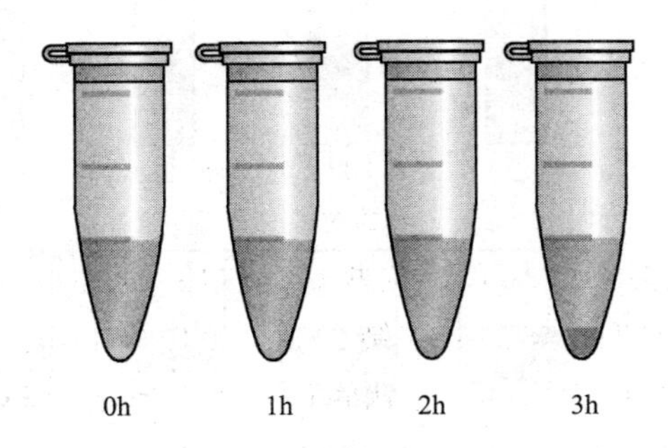

图 2-7　不同诱导时间观察到的菌体颜色示意图（见彩图）

六、思考题

外源基因在大肠杆菌中诱导表达时，如何控制和优化表达条件？

实验三
绿色荧光蛋白的纯化

一、实验目的

掌握用镍柱纯化带 His 标签蛋白（His-GFP）的基本原理及基本操作步骤。

二、实验原理

镍-琼脂糖凝胶以琼脂糖微球为基质，先活化偶联亚氨基二乙酸（IDA），再螯合 Ni^{2+}。其中 IDA 是金属螯合色谱中最常用的配体，与次氮基三乙酸（NTA）相比，具有亲和力强、载量高、可再生重复使用的特点。

镍-琼脂糖凝胶主要用于纯化带组氨酸标签（His-Tag）的重组蛋白。纯化原理是利用重组蛋白组氨酸标签的咪唑环可与过渡金属 Ni^{2+} 形成稳定的配位键，因此能特异、牢固、可逆地吸附于固定这些金属离子的基质，结合了 His-Tag 重组蛋白的镍-琼脂糖凝胶通过增加咪唑浓度进行竞争洗脱（图 2-8）。

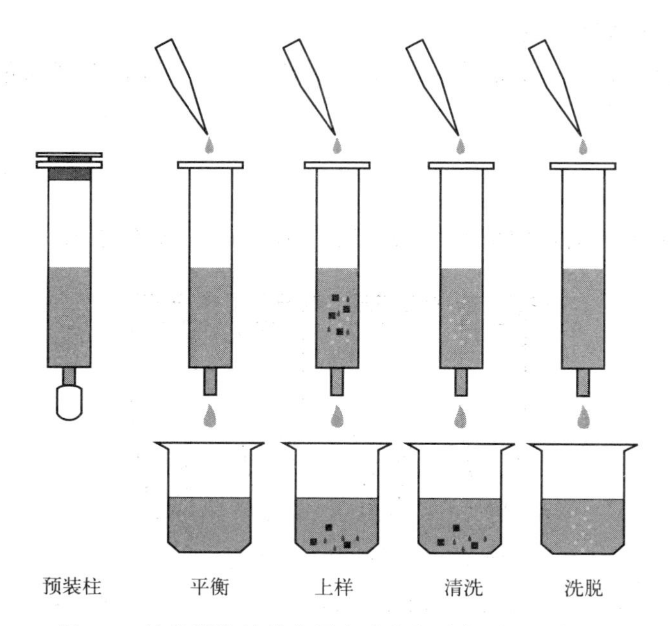

图 2-8 镍柱预装柱纯化蛋白质流程示意图（见彩图）

三、实验材料、试剂与设备

（一）实验材料

含有 pET-28a 重组质粒的 BL21 菌液。

（二）实验试剂

1. 裂解缓冲液：30mmol/L Tris-HCl（pH 8.0），150mmol/L NaCl，20mmol/L 咪唑，调 pH 至 8.0。

2. 清洗缓冲液：30mmol/L Tris-HCl（pH 8.0），150mmol/L NaCl，40mmol/L 咪唑，调 pH 至 8.0。

3. 洗脱缓冲液：30mmol/L Tris-HCl（pH 8.0），150mmol/L NaCl，250mmol/L 咪唑，调 pH 至 8.0。

4. 再生缓冲液：30mmol/L Tris-HCl（pH 8.0），150mmol/L NaCl，500mmol/L 咪唑，调 pH 至 8.0。

5. 考马斯亮蓝染色液：乙酸 100ml，乙醇 300ml，H_2O 600ml，考马斯亮蓝 R-250 1g。

6. 考马斯亮蓝脱色液：乙酸 100ml，乙醇 300ml，H_2O 600ml。

7. 其他试剂：镍柱纯化试剂盒，PMSF，咪唑，20%乙醇。

（三）实验设备

离心机、超声破碎仪和 4℃冰箱等。

四、实验步骤

（一）细菌超声破碎

1. 将 100ml 诱导表达 His-GFP 的 BL21 菌液倒入离心瓶配平，4℃ 4000r/min 离心 10min，收集菌体。

2. 弃上清液，加入 30ml 裂解缓冲液重悬菌体。

3. 加入 1mmol/L PMSF，在冰上超声破碎 30～45min，超声时需调整高度并观察裂解液是否保持低温。

4. 将超声裂解液倒入离心瓶中配平，4℃ 12000r/min 离心 20min，留上清液。

（二）Ni 柱纯化步骤

1. 镍柱平衡：将镍-琼脂糖凝胶预装柱加入 3 个柱体积的裂解缓冲液，打开预装柱下口使缓冲液流出，平衡后的柱子可以用于 His 标签重组蛋白（His-GFP）的纯化。

2. 上样：将 2ml 超声上清液加入已经平衡的镍-琼脂糖凝胶预装柱中，静置 3～5min 后打开预装柱下口。

3. 洗杂蛋白：用一个柱体积的清洗缓冲液清洗杂蛋白，共清洗 3 次。

4. 洗脱、收集目的蛋白：将 1.5ml 洗脱缓冲液加入柱中，用干净的离心管收集洗脱的溶液。用紫外线照射洗脱溶液可以看到绿色荧光。

5. Ni 柱再生和保存：用一个柱体积的再生缓冲液洗 2 次，用水洗 1 次，用 20% 乙醇洗 3 次，余下约 3ml 时堵紧下口，存放于 4℃。

6. 用紫外透射仪照射洗脱液，可以看到强度很高的绿色荧光。拍照并保存照片。

（三）纯化蛋白的检测——SDS-PAGE 及考马斯亮蓝染色

1. 按照本书第一章第一节实验五的方法制备 SDS-PAGE 蛋白胶。
2. 取 50μl 蛋白洗脱液，加入 6×SDS 上样缓冲液，在 100℃水浴锅煮 5min。
3. 将 20μl 蛋白样品上样至蛋白胶孔中，100V 恒压电泳 50min。
4. 电泳结束后将蛋白胶取出，放入染色用的培养皿，倒入适量染色液（没过胶面即可），在室温摇床染色 30min。
5. 倒出染色液，加入脱色液在室温摇床脱色，更换 2～3 次脱色液，至凝胶的背景变为透明，蛋白条带清晰为止。

五、实验结果

观察蛋白胶上的条带大小，初步判断 His-GFP 蛋白是否纯化成功。

六、思考题

如何进一步确定纯化出的蛋白为目的蛋白？

第三节 分子生物学创新实验

【学习导图】

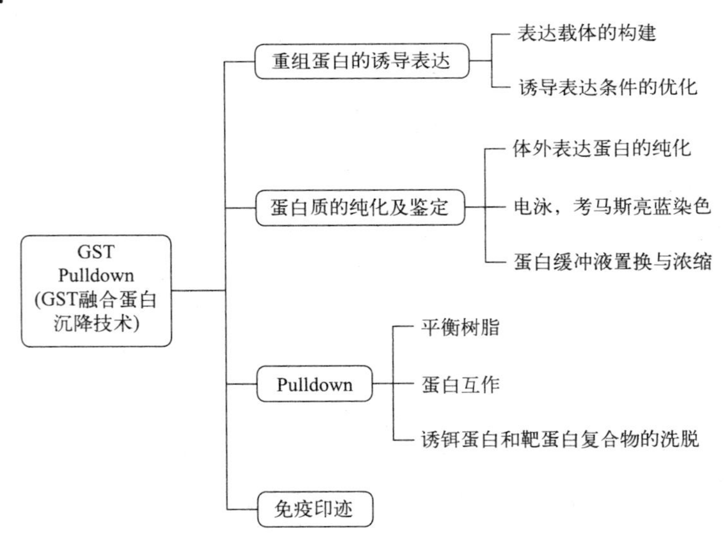

实验一

重组蛋白的表达

一、实验目的

1. 掌握针对 GST pulldown 实验，表达重组蛋白的策略。
2. 掌握原核细胞表达重组蛋白的基本原理与方法。

二、实验原理

构建 GST（glutathione-*S*-transferase，谷胱甘肽巯基转移酶)-诱饵蛋白（bait）融合蛋白的表达载体，使其能够在 LacI 操纵子调控下诱导表达，而且可以通过 GSH（glutathione，谷胱甘肽）琼脂糖（agarose）亲和纯化获得 GST-诱饵蛋白。同时构建捕获蛋白（prey）的表达载体，使其不但能够在 LacI 操纵子调控下诱导表达，而且可以通过 Ni-NTA 琼脂糖亲和纯化获得 His-捕获蛋白。

对应 GST、HIS 这些常规标签的载体很多，例如 PET 系列（28a 等）和 PGEX 载体系列（4T1 等）。蛋白质在不同诱导条件下表达效果不同，因此要做诱导条件的优化。蛋白质在不同载体上表达效果也不同，而且也有可能表达为包涵体形式导致无法纯化，因此需要对载体进行筛选或者相应的改造。

三、实验材料、试剂与设备

（一）实验材料

大肠杆菌 DE3 或 BL21 感受态细胞。

（二）实验试剂

1. GST 标签的表达载体，His 标签的表达载体。
2. 诱饵蛋白（bait）。
3. 捕获蛋白（prey）。
4. 诱导物：异丙基硫代半乳糖苷（IPTG）。

（三）实验设备

离心机、超净工作台和摇床等。

四、实验步骤

（一）蛋白表达载体构建

构建 GST-bait 载体 pGEX-4T-1（图 2-9）和 His-prey 载体 pET-28a（质粒图谱见图 2-2），转化至大肠杆菌感受态 DE3 或 BL21 中。−80℃低温冰箱保存。

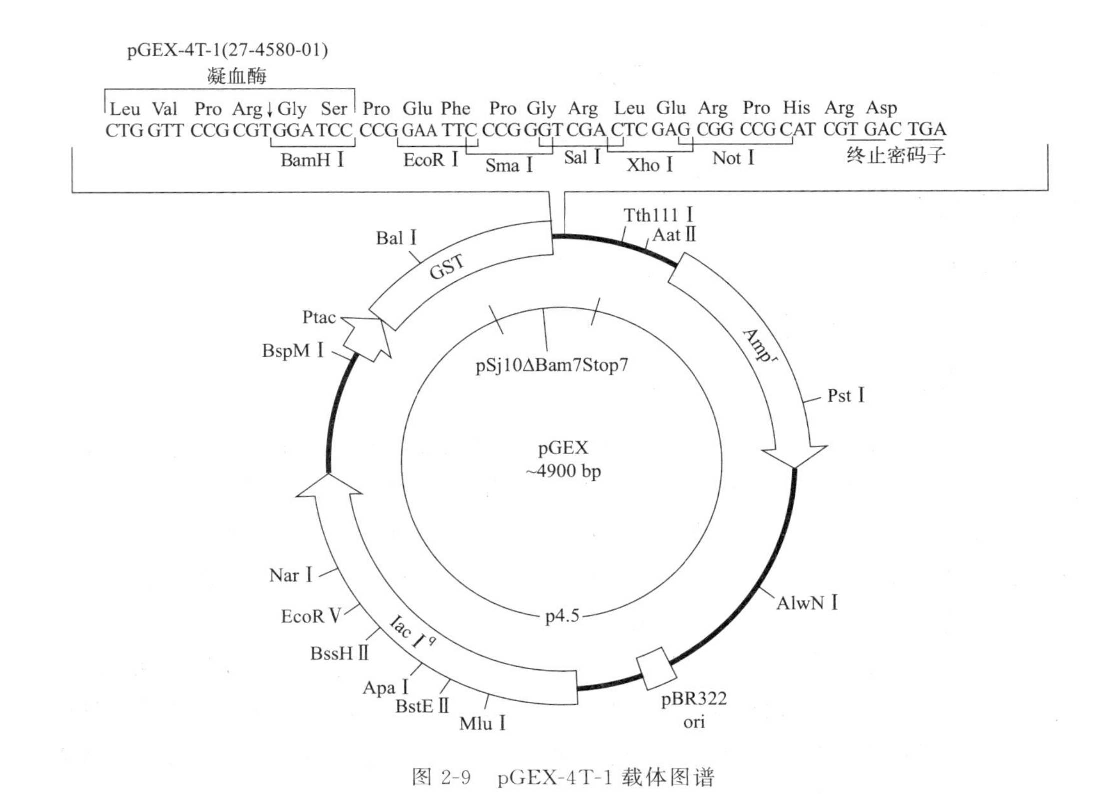

图 2-9　pGEX-4T-1 载体图谱

（二）重组蛋白的表达

1. 原核表达蛋白诱导条件的优化

（1）准备 3 个灭菌三角瓶，把活化好的菌株按照 1∶100 稀释，进行振荡培养。

（2）当 A_{600nm} 值达到 0.4～0.6 时，每个三角瓶取 5ml 菌液，作为诱导前的对照。

（3）12000r/min 离心 30min 收集菌体，于－80℃保存。

（4）加入诱导剂 IPTG，设置 6 个 IPTG 浓度，终浓度分别为 0.2mmol/L、0.5mmol/L、1mmol/L、2mmol/L、5mmol/L 和 10mmol/L，诱导温度 18℃和 37℃，摇床转数为 180r/min。

（5）诱导 10h 后，6000r/min 离心 30min 收集菌体，每个浓度收集 40ml 菌液的菌体，于－80℃过夜。

（6）从－80℃冰箱取出诱导前以及诱导后收集的菌体，加入 pH 7.4 的 PBS 缓冲液 3ml，涡旋混匀。

（7）冰浴超声破碎菌体，破碎总时间 20min，超声 2s，停 4s，混匀后再重复 2～3 次。

（8）将超声后的样品 12000r/min 离心 10min。

（9）分离上清液和沉淀，上清液取 160μl，沉淀用 160μl 灭菌水重新溶解，分别加入 40μl 5×上样缓冲液，沸水煮 10min 左右后进行电泳检测。

2. 重组蛋白的诱导表达

（1）将 His-prey 和 GST-bait 质粒转化进大肠杆菌 DE3 或 BL21 感受态细胞中，涂布于 Kan、Amp+Kan 抗性 LB 培养基上，37℃倒置培养过夜。分别用诱饵蛋白和捕获蛋白的引物鉴定阳性克隆，选取转入两种质粒的菌落接种至含 Kan、Amp+Kan 的 LB 液体培养基中（800ml），于 37℃培养至 A_{600nm} 为 0.8～1.0。

（2）按照摸索出的优化条件，例如加入 0.5mmol/L IPTG，在 18℃诱导蛋白质表达。低温培养过夜。

五、实验结果

1. 构建的表达载体。
2. 优化的重组蛋白表达条件。
3. 大量表达的 GST-诱饵蛋白和捕获蛋白。

六、思考题

1. GST 表达载体上，为什么多克隆位点（MCS）在 GST 的下游？
2. 原核细胞表达重组蛋白的关键操作有哪些？

实验二

重组蛋白的纯化及鉴定

一、实验目的

掌握重组蛋白的鉴定方法（SDS-PAGE，考马斯亮蓝染色见第二章第二节实验三）。

二、实验原理

GST 纯化系统是利用 GST 融合蛋白与固定的谷胱甘肽（GSH）通过二硫键共价亲和，通过 GSH 交换洗脱的原理进行蛋白质纯化。该纯化柱中，凝胶上通过硫键结合一个谷胱甘肽。然后利用谷胱甘肽与谷胱甘肽巯基转移酶之间酶和底物的特异性作用力，使得带 GST 标签的融合蛋白能够与凝胶上的谷胱甘肽结合，从而将带标签的蛋白与其他蛋白分离开。谷胱甘肽通常有氧化型 GSSG 和还原型 GSH，当我们使用 GSH 洗脱时，GSH 会与凝胶上的谷胱甘肽竞争结合融合蛋白，从而将目标蛋白洗脱。

三、实验材料、试剂与设备

（一）实验材料

含有 His-prey（pET-28a）重组质粒的菌液；含有 GST-bait（pGEX-4T-1）重组

质粒的菌液。

(二)实验试剂

Ni 柱纯化试剂盒，GST 纯化试剂盒。

(三)实验设备

离心机和超声破碎仪等。

四、实验步骤

(一)重组蛋白的纯化(Ni-NTA 琼脂糖亲和纯化)

1. 4℃下 4000r/min 离心 10min 收集菌体，置于冰上。加入 30ml His 裂解缓冲液，重悬菌体。

2. 加入 1mmol/L PMSF，在冰上超声破碎 3 次，每次 5min，设置超声 3s，间隔 3s。每次超声完需调整高度并观察裂解液是否保持低温。

3. 将裂解液在 4℃ 10000r/min 离心 20min，留上清液，加入 80ml 裂解缓冲液混匀。

4. 取 10ml 上清液至 15ml 离心管中，加入 100μl 与裂解液 1∶1 混合的 Ni-NTA 琼脂糖，在 4℃旋转摇床上孵育结合 1.5h。

5. 用 10ml 冰上预冷的清洗缓冲液清洗三次，4℃下 500r/min 离心 5min，收集沉淀。

6. 将沉淀移到 1.5ml 离心管中，加入 50μl 清洗缓冲液。

7. 加入 6×SDS 上样缓冲液(10μl)，100℃煮 10min，10000r/min 离心 5min。

(二)重组蛋白的纯化(GST 成品柱纯化)

1. 复苏　将约 5μl 冻存菌接种于 5ml LB 液体培养基中，加 Amp 至终浓度为 100mg/L，37℃、200r/min 过夜培养。

2. 扩摇　以 1∶50 比例，将小摇菌加入 LB 液体培养基中，加 Amp 至终浓度为 100mg/L，37℃、200r/min 扩大培养 4～6h 至 A_{600nm} 为 0.6～0.8。

3. 诱导表达　将扩摇后的菌液取出一部分于无菌锥形瓶中(空白对照)，剩余菌液加 IPTG 至终浓度为 500mmol/L，20℃、150r/min 诱导表达 8～12h。

4. 收集菌体　将不加 IPTG 的对照菌及 IPTG 诱导后的菌液分别倒入 50ml 离心管中，4℃、8000r/min 离心 5min，弃上清液。重复该步骤至收集全部菌体。用移液器尽量吸尽上清培养基，根据菌体量加入 10～30ml 结合缓冲液，吹打或震荡至菌体充分重悬，4℃、8000r/min 离心 5min，弃上清液。重复洗涤 3 次。加 10～20ml 结合缓冲液及蛋白酶抑制剂至终浓度为 1mmol/L。

5. 超声破碎　将装有重悬后菌体的离心管埋入冰中，超声破碎。超声功率 200W，工作 3s，间隔 7s，50 次循环至菌液基本澄清(菌体较多时增加循环次数)。

6. 分离蛋白　将超声破碎后的菌液离心，4℃、12000r/min 离心 10min，分离上清液、沉淀。上清液过 0.45μm 滤膜，留 1ml 备用，沉淀用 500μl 8mol/L 尿素溶解。

7. 装柱　取 500μl 充分混合的含有琼脂糖基质的填料，加入含有一层垫片的滴管中，关闭滴管滤头，加入 5ml 经 0.45μm 滤头过滤的结合缓冲液，充分悬浮琼脂糖基质，打开滴管滤头使重悬液滴出。重复洗柱 3～5 次。

8. 结合　洗柱完毕后，将过滤后的总蛋白上清粗提液加入滴管，与琼脂糖基质充分结合，打开滴管滤头使混合液流出。

9. 洗杂蛋白　GST 琼脂糖柱：①清洗缓冲液 1（结合缓冲液＋TritonX-100）洗柱一遍。②清洗缓冲液 2（结合缓冲液＋NaCl）洗柱一遍。③结合缓冲液洗柱三遍。洗杂蛋白结束后带有目的蛋白的柱床 4℃保存，12h 内可用。

10. 电泳检测　将 IPTG 诱导前、诱导后的蛋白上清液、沉淀、纯化后的蛋白液（包含柱床）分别加 2×上样缓冲液，煮沸 10min，SDS-PAGE 检测。

11. 对照　以 pGEX-4T-1、pET-32a 空载体原核表达作为对照。

（三）蛋白质缓冲液置换与浓缩

1. 在 50ml 超滤管（Millipore，Germany）的过滤装置中加入 15ml 预冷的 50mmol/L Tris-HCl（pH 8.0）预清洗，5000r/min 离心 30min，倒掉超滤管下部离心管中液体。

2. 将纯化好的蛋白质溶液全部吸取放入过滤装置中，加入 50mmol/L Tris-HCl（pH 8.0）到 15ml，5000r/min 离心 30min，倒掉离心管中液体。

3. 此时蛋白质溶液体积较小，在超滤装置中约为 200μl，继续加入 50mmol/L Tris-HCl（pH 8.0）到总体积 15ml，5000r/min 离心 30min，倒掉离心管中液体。

4. 重复步骤 3 的实验过程 3 次。

5. 把蛋白质转移到 0.5ml 超滤管（Millipore，Germany）中，12000r/min 离心 10min 左右，将蛋白质浓缩到 100μl，吸取蛋白质溶液并按每管 10μl 分装到离心管中，－80℃保存。

五、实验结果

1. 纯化的 GST-bait 融合蛋白。
2. 纯化的 His-prey 蛋白。

六、思考题

1. 镍柱纯化过程中，为什么要保持低温？
2. 什么情况下进行缓冲液置换和浓缩？

实验三

GST pulldown

一、实验目的

1. 掌握 GST pulldown 原理。

2. 掌握 GST pulldown 方法。

二、实验原理

GST Pulldown 将 GST-bait 融合蛋白亲和固化在谷胱甘肽亲和树脂上，充当一种“诱饵蛋白”，目的蛋白溶液过柱，可从中捕获与之相互作用的“捕获蛋白”（目的蛋白），洗脱结合物可通过 SDS-PAGE 电泳和免疫印迹检测。

三、实验材料、试剂与设备

（一）实验材料

纯化的 GST-bait 蛋白，纯化的 His-prey 蛋白。

（二）实验试剂

PBS，GST 抗体。

（三）实验设备

冰箱、色谱柱、微量加样器等。

四、实验步骤

（一）平衡树脂

1. 混匀固定化谷胱甘肽，彻底重悬树脂。

2. 各取 100μl 50% 树脂悬浮液到 4 个离心管中，1250r/min 离心 2min，弃上清液。

3. 用 500μl PBS 重悬树脂，1250r/min 离心 2min 移除上清液，重复 3 次。

（二）蛋白互作

1. 分别将 A-GST 蛋白和 B-His 蛋白加入到谷胱甘肽树脂中，将混合物在 4℃ 旋转混匀孵育过夜。

2. 1250r/min 离心 5min 后，弃上清液（上清液要去净）。

3. 用 500μl PBS 洗杂蛋白，1250r/min 离心 2min 移除上清液，重复 3 次。

（三）诱饵蛋白和靶蛋白复合物的洗脱

1. 每管加入 50μl 洗脱缓冲液。

2. 4℃ 旋转混匀孵育 20min。

3. 1250r/min 离心 2min 弃上清液，离心下来的液体置于冰上。

4. 取 20μl 样品进行 SDS-PAGE 电泳和免疫印迹检测。

五、实验结果

SDS-PAGE 电泳图谱。

六、思考题

1. 如何设置阴性对照？
2. 如何设置阳性对照？

实验四

免疫印迹

一、实验目的

1. 进一步熟悉用聚丙烯酰胺凝胶电泳分离蛋白质的方法。
2. 掌握将蛋白质转移到硝酸纤维素膜上的转移电泳技术。
3. 掌握免疫印迹的原理及方法。

二、实验原理

免疫印迹（western blotting）是将蛋白质转移并固定在化学合成膜的支撑物上，利用抗原-抗体反应原理，以一抗作为探针，与目的蛋白作用并连接，再用带有标记的二抗与一抗作用，最后显色，显色位置即为目的蛋白。这种以高强力形成印迹的方法被称为免疫印迹技术。

作为抗原的物质：天然蛋白、重组蛋白、偶联多肽等。抗原通常是由多个抗原决定簇组成的。一种抗原决定簇刺激机体，由一个 B 淋巴细胞接受该抗原所产生的抗体称之为单克隆抗体。有多种抗原决定簇刺激机体，相应地就产生各种各样的单克隆抗体，这些单克隆抗体混杂在一起就是多克隆抗体，机体内产生的抗体就是多克隆抗体。多克隆抗体由于其可识别多个抗原表位、制备时间短、成本低的原因而广泛应用于研究和诊断方面。

第一抗体就是能和非抗体性抗原特异性结合的蛋白质。种类包括单克隆抗体和多克隆抗体。

第二抗体是能和抗体集合，即抗体的抗体，其主要作用是检测抗体的存在，放大一抗的信号。二抗是利用抗体是大分子蛋白质具有抗原性的性质，去免疫异种动物，由异种动物免疫系统产生的免疫球蛋白，即一抗充当抗原刺激机体产生的抗体。二抗上带有可以被检测的标记，如荧光、放射性、化学发光或显色集团。

免疫印迹的实验一般包括 5 个步骤：

固定：蛋白质进行 SDS-聚丙烯酰胺凝胶电泳（PAGE）并从胶上转移到硝酸纤维素膜上。

封闭（blocked）：保持膜上没有特殊抗体结合的场所，使场所处于饱和状态，用以保护特异性抗体结合到膜上，并与蛋白质反应。

预杂交：初级抗体（第一抗体）是特异性的。

杂交：第二抗体或配体试剂对于初级抗体是特异性结合并作为指示物。

显色：被适当保温后的酶标记蛋白质区带，产生可见的、不溶解状态的颜色反应。

三、实验材料、试剂与设备

（一）实验材料

重组蛋白，第一抗体（兔源 His 标签抗体），第二抗体（羊抗兔 Ig 多克隆抗体）。

（二）实验试剂

1. 30%丙烯酰胺：29g 丙烯酰胺和 1g *N*,*N*′-亚甲基双丙烯酰胺溶于总体积为 60ml 的水中，加热至 37℃使之溶解，补加水至终体积为 100ml。

2. 1.5mol/L Tris-HCl：18.15g Tris，用 HCl 调 pH 值到 8.8，用蒸馏水定容到 100ml。

3. 1mol/L Tris-HCl：12.1g Tris，用 HCl 调 pH 值到 6.8，用蒸馏水定容到 100ml。

4. 10%（10g/100ml）SDS：取 80ml 水，放置到试剂瓶中，称取 10g SDS 倒入试剂瓶，盖盖混匀溶解，定容到 100ml。

5. 10%（10g/100ml）过硫酸铵（APS）：取 1g 过硫酸铵（APS）溶解到 10ml ddH_2O 中，分装到 1ml 的离心管中，放置到−20℃中待用。

（三）实验设备

蛋白质电泳槽、蛋白质电转移槽一套和硝酸纤维素滤膜等。

四、实验步骤

（一）蛋白质电泳

1. 洗净电泳用的玻璃板，晾干，按设备使用说明装好，按表 2-6 配制分离胶和浓缩胶。

表 2-6　分离胶和浓缩胶的配制

试剂	分离胶用量	浓缩胶用量
30%丙烯酰胺	3.2ml	0.45ml
1.5mol/L pH8.8 Tris-HCl(分离胶缓冲液)	2.08ml	0.6ml
10% SDS	8μl	22.5μl
TEMED	10μl	2μl
双蒸水	2.64ml,混匀后加	1.2ml,混匀后加
10%过硫酸铵	30μl,混匀,灌胶	20μl,混匀,灌胶

2. 配 12%分离胶（8ml）。

3. 灌好分离胶，上面用双蒸水封好。

4. 待分离胶凝固后（凝胶时间 0.5h 左右），配 6%浓缩胶（2.3ml）。

5. 吸净上面的水，灌入浓缩胶，插入梳子，凝固 30min 以上。

6. 待胶凝固后，拔出梳子，加入电泳缓冲液。

7. 沉淀用 200μl 1×SDS 蛋白上样缓冲液悬浮，煮 3min，12000r/min 离心 5min，取上清液（注：如果上清液黏稠，可以再加入 100μl 上样缓冲液）。

8. 按顺序上样，同时上标准分子量的蛋白质样品。上样顺序为：蛋白质标记物（5μl），样品（15μl），蛋白质标记物，样品。

9. 开始电泳时用 80V，待样品全部进入胶后增大到 160V。

10. 溴酚蓝指示剂电泳到分离胶底部时（距底部 1.5cm 左右），停止电泳。

11. 聚丙烯酰胺电泳后，将凝胶从中间位置切成两等份。

12. 第一份胶用于考马斯亮蓝染色：用考马斯亮蓝染色液染色 15min，然后脱色 2h，中间更换脱色液 2～3 次。如果脱色不彻底，可以脱色过夜。

（二）电泳转移（以湿转为例）

1. 转移第二份胶，切割有效部分。

2. 量好尺寸，按尺寸大小切割硝酸纤维素膜（硝酸纤维素膜不能用手接触，注意正反面，N 为正面）（注：如果用 PVDF 膜，先用甲醇溶液浸泡 10s，然后用 ddH_2O 漂洗）。

3. 在转移板上按以下顺序操作，每一步不能有气泡。

① 用转移缓冲液浸湿后的海绵片一张（接触转移板黑色部分）；

② 用转移缓冲液浸湿后的厚滤纸一张；

③ 放上切割好的胶；

④ 胶上放硝酸纤维素膜，正面贴胶；

⑤ 湿滤纸一张；

⑥ 湿海绵片一张（接触转移板白色部分）。

4. 合上转移板，放入电泳槽，注意电极胶靠负极。倒入 300ml 转移缓冲液（甲醇现用现加）。

5. 插入电极，120mA 恒流电泳 1h。1h 后两组颠倒胶板，再以 100mA 恒流电泳 1h。

6. 转移结束后，取出硝酸纤维素膜。

（三）免疫印迹

本产品适用于转膜完成后的封闭及抗体孵育步骤，以 5cm×8cm 膜为例。

1. 漂洗液准备：取 10ml 清洗缓冲液（10×）用蒸馏水稀释至 100ml，即为 1×清洗缓冲液，待用。每次洗膜用 8～10ml。

2. 封闭：转膜完成后，将膜浸没到 10ml 结合缓冲液中，60r/min 室温封闭 5min。

3. 漂洗：倒掉封闭液，加入 8～10ml 1×清洗缓冲液，于摇床上 80r/min 漂洗 1min。

4. 洗膜的同时可准备抗体孵育液：取 10ml 稀释缓冲液到 15ml 离心管中，加入兔源一抗 2.5μl，再加入抗体预处理溶液（HRP/兔）100μl 充分混匀，室温孵育 5min。

注意：一抗的用量也可根据抗体的稀释度来进行调整。如果膜面积较小，可按比例减少抗体、反应液及稀释液的用量。

5. 完成步骤 3 后，倒掉漂洗液，将抗体孵育液加到膜上（确保孵育液完全浸没膜表面），在摇床上以 60r/min 左右的速度室温孵育 40min。

6. 弃去（回收）抗体孵育液，用配制的 1×清洗缓冲液漂洗 3 次，80r/min、每次 5min。

（四）显色

每张 PVDF 膜加 1ml DAB 快速显色液进行显影。

五、实验结果

1. 免疫印迹电泳图谱。
2. GST pulldown 结果分析。

六、思考题

1. DAB 显色原理是什么？
2. 考马斯亮蓝染色电泳图谱和免疫印迹图谱的差异是什么？

第三章　细胞生物学实验技术

第一节　细胞生物学基础实验

【学习导图】

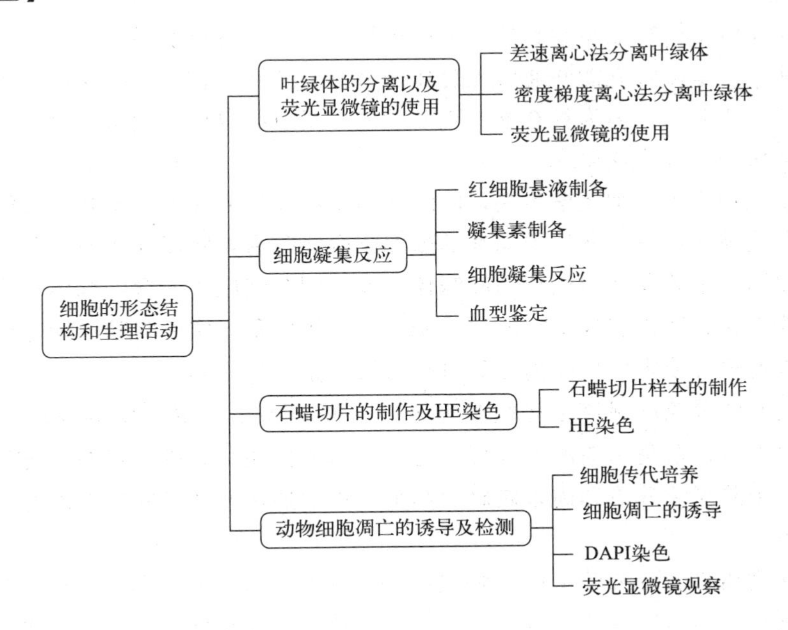

实验一

叶绿体的分离以及荧光显微镜的使用

一、实验目的

1. 理解分离细胞组分的原理。
2. 掌握分离植物细胞叶绿体的方法。
3. 熟悉荧光显微镜的使用方法，观察叶绿体的自发荧光和次生荧光。

二、实验原理

分离亚细胞组分主要采用离心技术，包括破碎细胞和亚细胞组分的分离两个主要阶段。破碎细胞时需要尽量保证待分离细胞组分的完整性和生物活性，因此所用匀浆缓冲液应模拟细胞的渗透压、pH 等条件；亚细胞组分分离常用的离心技术一般包括差速离心法和密度梯度离心法。差速离心是指细胞经过破碎后制成匀浆，在等渗溶液中进行差速离心，利用细胞各组分质量不同、形状密度不同，选择不同的离心力和时间获得所需的细胞器。密度梯度离心是指样品在密度梯度溶液中通过离心力的作用，不同组分以不同的沉降率沉降，形成不同的沉降带，从而达到分离细胞组分的目的。

叶绿体（chloroplast）是一种结构复杂的细胞器，含有约 2000～3000 个蛋白质，由 3 部分构成，即叶绿体膜、类囊体以及叶绿体基质。确定叶绿体蛋白的位置对于理解和描述其特定功能至关重要，分离得到纯化的叶绿体和叶绿体亚组分可用于各种下游应用。叶绿体是植物细胞和真核藻类中进行光合作用的细胞器，富含叶绿素 a、b，呈绿色，其功能是吸收光能并通过光合作用将光能转变成化学能，从而产生氧气和富含能量的有机化合物。因为具有这一重要功能，所以叶绿体在细胞生物学、植物生理学等众多学科领域被广泛研究。

但由于植物细胞有细胞壁包裹，叶绿体中淀粉积累而成的致密颗粒可能在离心过程中使叶绿体破碎，以及液泡中储存的酚类化合物等有毒物质在离心过程中可能会释放出来等原因，不容易获得完整的叶绿体。菠菜因其细胞中所含叶绿体较小，叶绿体中淀粉和酚类化合物积累较少，所以是研究叶绿体的常用实验材料。绿色植物叶片匀浆后通过差速离心或密度梯度离心后可获得较完整的叶绿体。

差速离心法分离叶绿体是将组织匀浆后在 0.35mol/L 氯化钠等渗溶液中进行离心，等渗溶液可以避免由渗透压改变引起的叶绿体损伤。先以一定的转速和时间将匀浆液离心，去除组织残渣和尚未破碎的细胞，再增加转速和时间再次离心，沉淀中可获得叶绿体。

密度梯度离心法分离叶绿体是将组织匀浆后采用 150g/L 和 500g/L 两种浓度的蔗糖溶液制成不连续密度梯度溶液，以一定的转速和时间离心后，叶绿体和比它沉降系数小的细胞组分会聚集到梯度交界处，而沉降系数较大的细胞组分则沉到离心管底部，这样即可获得叶绿体。

荧光显微术是利用荧光显微镜（fluorescence microscope）对可发荧光的物质进行观测的一种技术。叶绿体富含叶绿素，叶绿素受激发光照射后可直接发出火红色荧光，称为自发荧光。利用荧光显微镜对可发荧光的物质进行检测时，会受到光、温度、淬灭剂等诸多因素的影响，故而应尽快观察样品，必要时立即采集图片。此外，制作荧光显微镜标本时最好使用无荧光载玻片、盖玻片和无荧光油。

荧光显微镜是利用较短波长的紫外光照射标本，标本受到激发产生较长波长的荧光，然后通过物镜与目镜观察标本荧光的显微镜，来观察和分析样品中产生荧光成分的结构、位置，主要观察的荧光有自发荧光、诱发荧光、染色荧光、免疫荧光等。自发荧光（原发荧光、直接荧光、一次荧光）是标本不经任何处理，在紫外光照射下发出的荧光；染色荧光（间接荧光、二次荧光）是标本经荧光染料处理后，对荧光染料具有选择性吸收的部分经激发后发出的荧光。常用的荧光激发光源有高压汞灯或氙灯，它们除产生紫外线外，还会产生很多热量和不同波长的可见光，因此需要在光路中加入吸热片和滤光片系统使得荧光显微术中常用波长的紫外光通过。利用荧光显微镜可以对细胞内生物大分子进行定性和定位的研究。

三、实验材料、试剂与设备

（一）实验材料

新鲜菠菜。

（二）实验试剂

1. 常规试剂

（1）0.35mol/L NaCl 溶液：称量 20.45g 氯化钠（NaCl）溶于适量蒸馏水中，加蒸馏水定容至 1000ml。

（2）500g/L 蔗糖溶液：称取 50g 蔗糖，溶于适量蒸馏水中，加蒸馏水定容至 100ml。

（3）150g/L 蔗糖溶液：称取 15g 蔗糖，溶于适量蒸馏水中，加蒸馏水定容至 100ml。

2. 匀浆介质

匀浆介质（0.25mol/L 蔗糖，0.05mol/L pH7.4 Tris-HCl 缓冲液）：称取 85.55g 蔗糖、6.05g Tris 溶解在近 800ml 蒸馏水中，加入约 4.25ml 0.1mol/L HCl（35.7μl 浓盐酸），最后用蒸馏水定容至 1000ml。

（三）实验设备

组织捣碎机、普通光学显微镜、荧光显微镜、台式离心机、台式冷冻高速离心机、天平、剪刀、烧杯、量筒、纱布、移液器、离心管、载玻片和盖玻片等。

四、实验步骤

（一）差速离心法分离叶绿体

1. 新鲜菠菜叶子洗净，用吸水纸擦干，去柄及粗脉，称 5g 叶子。

2. 将叶子剪碎放在组织捣碎机中，加 15ml 提前冰浴预冷的 0.35mol/L NaCl 溶液，研磨成匀浆。

3. 将匀浆液用 6 层纱布过滤到烧杯中。

4. 取 5ml 滤液置于台式离心机 1000r/min 离心 2min，弃沉淀，要上清液。

5. 上清液（若不足 5ml，加 0.35mol/L NaCl 溶液补充至 5ml）置于台式离心机 3000r/min 离心 5min，弃上清液，沉淀即是叶绿体。

6. 将沉淀（叶绿体）用 4ml 0.35mol/L NaCl 溶液重悬，即为叶绿体悬液。

7. 用移液器吸一滴样品于载玻片上，加盖玻片。

8. 普通光学显微镜下观察叶绿体的形态。

9. 荧光显微镜下观察叶绿体的自发荧光。

（二）密度梯度离心法分离叶绿体

1. 新鲜菠菜叶子洗净，用吸水纸擦干，去柄及粗脉，称 2g 叶子。

2. 将叶子剪碎放在组织捣碎机中，加入提前冰浴预冷的匀浆介质 10ml，研磨成匀浆。

3. 将匀浆液用 6 层纱布过滤到烧杯中。

4. 取 2ml 滤液置于台式离心机 500r/min 离心 10min，轻轻吸取上清液，弃沉淀。

5. 上一步离心过程中制备密度梯度溶液，即在 1.5ml 离心管中先加入 500g/L 蔗糖溶液 0.4ml，再沿离心管壁缓缓加入 150g/L 蔗糖溶液 0.4ml，注意两种浓度的蔗糖溶液不能混合，在两种溶液交界面能看到折光不同。

6. 吸取 0.4ml 上清液沿离心管壁缓缓加入密度梯度溶液，台式冷冻高速离心机 4℃、8000r/min 离心 20min。

7. 取出离心管，可见叶绿体在两种浓度的蔗糖溶液交界处形成带。

8. 用移液器小心吸出一滴叶绿体悬液，滴在载玻片上，加盖玻片。

9. 普通光学显微镜下观察叶绿体的形态。

10. 荧光显微镜下观察叶绿体的自发荧光。

（三）荧光显微镜的使用

1. 先打开荧光显微镜的高压汞灯，汞灯打开后预热 5～10min 后方可使用（汞灯避免反复开关）。

2. 将样品置于载物台上。

3. 按照先低倍、后高倍顺序选择物镜。

4. 根据样品荧光素选择相应荧光组件，本次选择“WG”为观察红色荧光时用。

5. 插入挡光板，关闭普通光路，用荧光光路观察。

6. 打开与显微镜连接的计算机，点击数码成像系统软件，采集数码图像。

7. 实验结束后，依次关闭软件、计算机和汞灯。

注意：按荧光显微镜的操作规程使用显微镜，使用者注意保护眼睛，不能直视激发光。

五、实验结果

绘制该实验的镜检图像并拍照，结果示例见图 3-1。

六、思考题

1. 叶绿体分离的原理是什么？

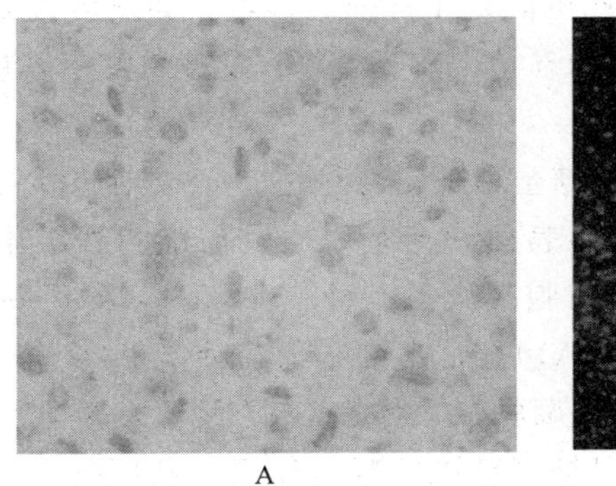
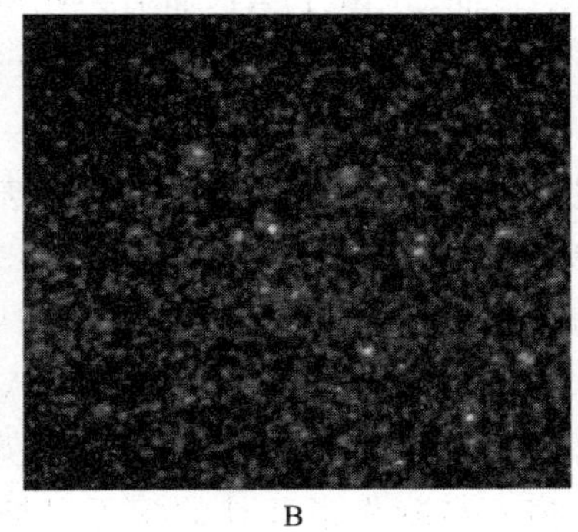

A　　　B

图 3-1　菠菜叶肉细胞中的叶绿体（见彩图）

A. 光镜下的叶绿体（400×）；B. 荧光显微镜下叶绿体的自发荧光（200×）

2. 分离完整叶绿体的主要困难是什么？
3. 除了用蔗糖密度梯度溶液分离叶绿体外，还可选用哪种密度梯度溶液？
4. 查阅文献，设计实验，如何分离获得叶绿体亚组分中的类囊体？
5. 使用荧光显微镜时应注意什么？

实验二

细胞凝集反应

一、实验目的

1. 了解细胞膜的表面结构。
2. 掌握凝集素促使细胞凝集的原理。
3. 学习研究细胞凝集反应的方法。

二、实验原理

凝集素（lectin）是一类能可逆结合特异糖基的蛋白质（多数为糖蛋白），能与细胞外被的寡糖链相连接，使细胞发生凝集。不同于血液凝固复杂的生化反应，这一过程其细胞膜结构不发生改变，加入与凝集素互补的糖可以抑制细胞的凝集。

自 19 世纪末从植物中发现凝集素以来，人们已经从植物、动物（包括高等动物、无脊椎动物）、单细胞生物、真菌、细菌、病毒中分离得到凝集素，发现凝集素可以与可溶性糖或作为糖蛋白/糖脂一部分的糖结合从而凝集红细胞，即红细胞聚集特征归因于凝集素和细胞表面糖缀合物的识别。植物凝集素（PHA）通常以被提取的植物命名，如刀豆凝集素 A(ConA)、麦胚凝集素（WGA）、花生凝集素（PNA）和大豆凝集素（SBA）等。第一个大规模纯化并可在商业化基础上获得的凝集素是刀豆凝集素 A(ConA)，它也是目前最常用的凝集素，可用于表征和纯化含糖分子和细胞结构。豆科植物凝集素可能是研究得最充分的凝集素。研究发现一些凝集素是有益的，如促进骨骼生长的CLEC11A；而另一些可能是非常强的毒素，如蓖麻毒素。凝集素存在于许多食物中。一些食物，如豆类和谷物，需要煮熟、发酵或发芽以减少凝集素的含量。

在细胞表面，组成细胞膜的糖脂和糖蛋白伸出寡糖链，形成细胞外被（又称为糖萼）。凝集素最大的特点是能识别细胞表面的糖基，通过与细胞外被中的糖分子相连，在细胞间形成“桥”，从而引起细胞凝集。一种凝集素只对某一种特异的糖基具有结合能力，如刀豆凝集素A(ConA）与甘露糖和葡萄糖能够特异性识别并结合；马铃薯凝集素能够与*N*-乙酰氨基葡萄糖二聚体和*N*-乙酰氨基半乳糖特异性识别并结合，加入与凝集素互补的糖可以抑制细胞的凝集作用。利用凝集素与不同的糖蛋白特异性结合的原理可以有许多方面的应用，例如血型鉴定、肿瘤诊断、疾病防治等。

血型是指红细胞膜上特异性抗原的类型，通常红细胞血型即为血型。红细胞凝集的机制是抗原-抗体反应，即位于红细胞膜上的抗原与相应血清中的抗体（凝集素）发生免疫反应。在ABO血型系统中，血型鉴定就是将待测血液分别加入已知含有A或B凝集素的标准血液中，观察是否发生凝集现象，由此判断待测血液红细胞的凝集原类型并确定待测血液的血型。血型鉴定主要用于临床输血、器官移植、不孕症、新生儿溶血症病因分析及亲子鉴定等。

凝集素通常很容易从植物中大量分离出来，并且能够以高特异性识别肿瘤抗原标志物，因此是癌症诊断、预后和治疗的最佳选择之一。其中凝集素芯片是将商业途径获得的超过50种经典凝集素，以微阵列的形式固定在高分子三维芯片片基上，形成高通量凝集素芯片，可进行多种糖结构的同步筛选和交叉验证，可以实现对癌症快速、高通量的检测。许多植物凝集素能够通过启动一系列免疫级联反应使得癌细胞凋亡或自噬。槲寄生凝集素用来治疗癌症目前正处在临床试验阶段，有望成为第一个获得批准的抗肿瘤植物凝集素。

三、实验材料、试剂与设备

（一）实验材料

1. 马铃薯块茎浸出液：称取2g左右的马铃薯块茎，尽量剁成碎米状，加10ml PBS(pH7.2）缓冲液浸泡2h（期间不时混匀一下），浸出的粗提液中含有可溶性的马铃薯凝集素。

2. 2%鸡红细胞样品的制备：抽取鸡静脉血液（按10%的用量加入3.8%柠檬酸钠抗凝剂），取4ml血，2000r/min离心5min，弃上清液，加生理盐水至4ml清洗红细胞，清洗时轻轻颠倒混匀以防红细胞破裂，重复刚才的步骤，共离心5次，最后按血细胞压积比配成2%的红细胞悬液。

（二）实验试剂

1. 常规试剂

（1）0.01mol/L pH7.2磷酸盐（PBS）缓冲液：分别称取8.0g氯化钠（NaCl）、

0.2g氯化钾（KCl）、1.56g一水磷酸氢二钠（$Na_2HPO_4 \cdot H_2O$）、0.2g磷酸二氢钾（KH_2PO_4）溶于800ml蒸馏水中，调pH值到7.2，加蒸馏水定容到1000ml，121℃高压灭菌15min。

（2）0.85%生理盐水：称取8.5g氯化钠溶于适量蒸馏水中，加蒸馏水定容至1000ml。

2. 抗凝血

（1）抗凝剂：即3.8%柠檬酸钠溶液，称取固体柠檬酸钠3.8g溶于适量蒸馏水中，加蒸馏水定容至100ml，溶解后过滤，装瓶，121℃高压灭菌15min。

（2）抗凝血：将鸡血与抗凝剂按9∶1比例混匀后放置于冰箱中备用。一般需抗凝血200ml。

3. 其他

抗A血清，抗B血清，75%乙醇，碘酒。

（三）实验设备

普通光学显微镜、台式离心机、天平、菜刀、烧杯、移液器、离心管、双凹载玻片、盖玻片、采血针、载玻片、棉球和记号笔等。

四、实验步骤

（一）细胞凝集反应

1. 取一张干净的双凹载玻片，在双凹载玻片的左孔加入马铃薯凝集素和2%的红细胞悬液各1滴；在右孔内加入PBS缓冲液和2%的红细胞悬液各1滴作对照；混匀，加盖玻片，静置20min，观察红细胞的凝集现象。

2. 普通光学显微镜下观察细胞凝集现象。

（二）血型鉴定

1. 取一张干净的载玻片。

2. 用记号笔在载玻片两端分别标上A、B。

3. 用75%乙醇消毒手指，待手指上酒精稍干，用采血针快速扎破指尖，挤压，于载玻片A、B两端分别滴2滴血。

4. 载玻片A、B两端分别滴1滴相应的已知标准抗血清于血滴中，轻轻摇匀，15min内观察是否有凝集现象，判断血型。无需镜检，肉眼观察即可。

五、实验结果

绘制该实验的肉眼观察图像和镜检图像并拍照。

六、思考题

1. 对照组为什么选用PBS缓冲液？

2. 影响细胞凝集反应的因素有哪些？

3. 结合凝集素的特性，简述凝集素有何应用前景。

4. 研究凝集素有何意义？

实验三

石蜡切片的制作及 HE 染色

一、实验目的

1. 掌握小鼠组织石蜡切片的制作过程。

2. 掌握 HE 染色的基本原理和染色方法。

二、实验原理

利用光学显微镜对生物样品进行观察，需要样品在一定的厚度范围内，才能保证光线的透过性。由于生物样品多为软性材料，所以需将其包埋在一定的固体支持物中，常用的支持物有石蜡、火棉胶等。其中石蜡切片是最常用的光镜样品制片技术，冰冻切片和超薄切片是在石蜡切片基础上发展起来的。石蜡切片可用于观察正常细胞组织的形态结构，也是病理学和法医学等学科用以研究、观察及判断细胞组织的形态变化的主要方法。石蜡切片不仅应用最为广泛，而且也已相当广泛地用于其他许多学科领域的研究中。

苏木素（hematoxylin）与伊红（eosin）对比染色法（简称 HE 对染法）是组织切片最常用的染色方法。这种方法染色广泛，对组织细胞的各种成分都可着色，便于全面观察组织构造，而且适用于各种固定液固定的材料，染色后不易褪色可长期保存。经过 HE 染色细胞核被苏木素染色呈蓝紫色，细胞质被伊红染色呈粉红色。

注意：使用 4%多聚甲醛和二甲苯时应注意适当防护，请在通风橱小心操作，避免吸入。

三、实验材料、试剂与设备

（一）实验材料

SPF 小鼠。

（二）实验试剂

1. 常规试剂

（1）0.01mol/L 磷酸盐缓冲液：称取 8.0g 氯化钠、0.2g 氯化钾、1.56g 一水磷酸氢二钠（$Na_2HPO_4 \cdot H_2O$）以及 0.2g 磷酸二氢钾（KH_2PO_4）溶于 800ml 蒸馏水中，用 HCl 调节溶液的 pH 值至 7.4，最后加蒸馏水定容至 1000ml，121℃高压灭菌 15min。

(2) 0.1mol/L 磷酸盐缓冲液：称取 80g 氯化钠、32.3g 十二水磷酸氢二钠（$Na_2HPO_4 \cdot 12H_2O$）以及 4.5g 二水磷酸二氢钠（$NaH_2PO_4 \cdot 2H_2O$）溶于 800ml 蒸馏水中，用 HCl/NaOH 调节溶液的 pH 值至 7.4，最后加蒸馏水定容至 1000ml。

(3) 1mol/L NaOH 溶液：称取 40g 氢氧化钠溶于适量蒸馏水中，然后用蒸馏水定容至 1000ml。

(4) 50％乙醇：量取 500ml 无水乙醇，加蒸馏水定容至 1000ml。需配置 6000ml。

(5) 70％乙醇：量取 700ml 无水乙醇，加蒸馏水定容至 1000ml。需配置 6000ml。

(6) 80％乙醇：量取 800ml 无水乙醇，加蒸馏水定容至 1000ml。需配置 2000ml。

(7) 95％乙醇：量取 950ml 无水乙醇，加蒸馏水定容至 1000ml。需配置 6000ml。

2. 组织固定、切片分化及染色试剂

(1) 4％多聚甲醛溶液：称取 40g 多聚甲醛（最好用细粉末的多聚甲醛），加入 900ml 0.1mol/L 磷酸盐缓冲液，磁力搅拌器加热搅拌，温度控制在 60℃左右，如仍不溶，滴加 1mol/L NaOH 溶液使之溶解，用磷酸盐缓冲液定容至 1000ml，最后调 pH 值至 7.4。

(2) 1％盐酸酒精：量取 990ml 75％乙醇，加入 10ml 的浓盐酸（37％），充分混匀备用。

(3) 1％伊红水溶液：称取 1g 伊红，加蒸馏水至 100ml，再加几滴 1％～2％的冰乙酸至半透明状。

3. 其他

二甲苯，石蜡（熔点为 56～58℃），苏木精染液，中性树脂。

（三）实验设备

普通光学显微镜、恒温箱、切片机、切片刀、解剖器械、镊子、刀片、毛笔、切片盒、切片架、蜡杯、浸蜡盒、包埋盒、蜡块托（或小木块）、载玻片、盖玻片、酒精灯、染色缸和烧杯等。

四、实验步骤

1. 取材及固定：颈椎脱臼法处死小鼠后，迅速取下所需组织，用 PBS 洗涤，组织块尽量小，放入 4％多聚甲醛中固定过夜。

2. 洗涤：固定后的组织用流水或 PBS 洗涤。

3. 脱水：组织依次经 50％、70％、95％、100％乙醇脱水，各 15min×2。

4. 透明：将组织浸入二甲苯与100%乙醇1∶1混合液中透明10min×2，二甲苯中透明10min×2。

5. 浸蜡：将组织依次浸入二甲苯与石蜡1∶1混合液、石蜡Ⅰ、石蜡Ⅱ中，置于恒温箱中各1h(恒温箱温度高于石蜡熔点2～3℃)。

6. 组织包埋：包埋时，戴厚手套从恒温箱中取出盛放纯石蜡的蜡杯，向包埋盒中倒入石蜡。将镊子在恒温箱中预热，夹取材料放入包埋盒，注意材料的摆放位置应便于下一步修块。

7. 修块和切片：待蜡块凝固后拆下包埋盒，用加热的刀片将其分成若干块（每个组织一块)，用刀片将组织块周围多余的石蜡切去，把有组织的蜡块修成方形或梯形，塑形时不要切到组织并注意组织块切面的方向。蜡块完成塑形后将其粘牢在蜡块托（或小木块）上。

使用切片机进行切片时，将蜡块固定在切片机上，安装切片刀，调好距离和所要求的切片厚度（一般为7～10μm)，调整切片机转速（40～50r/min)，按下切片机自动切片按钮。

切出的蜡带到20～30cm长时，用一支毛笔轻轻将蜡带挑起，避免卷曲，平放在蜡带盒上。

8. 展片和烤片：用单面刀片将蜡带切一小段，置于30%乙醇溶液使其展开，用载玻片将完整、已展开的切片捞至40～45℃温水中，使之充分展开（必要时可用眼科镊轻轻拨开粘在一起的切片)。

另取洁净的载玻片，捞起展开的切片，使其位于载玻片中央，磨面上做好标记或贴上标签，放于切片架上，再置于40～45℃恒温箱中烘干约2h，使切片贴牢固。

9. 脱蜡复水：石蜡切片依次经二甲苯Ⅰ、二甲苯Ⅱ、二甲苯与100%乙醇1∶1混合液脱蜡各5min，再依次放入100%、95%、90%、80%、70%各级乙醇溶液中各水化1min，然后放入蒸馏水中3min。

10. 染色：石蜡切片放入苏木精中染色约3～5min。

11. 水洗：石蜡切片用自来水流水冲洗约3min。冲洗使切片颜色变蓝，但要注意流水不能过大，以防切片脱落。

12. 分化：石蜡切片放入1%盐酸酒精中分化2～10s至切片变红，颜色较浅即可(若染色适中，可取消此步)。

13. 漂洗：石蜡切片用自来水流水漂洗使其恢复蓝色。

14. 复染：用1%伊红水溶液染色1～3min。

15. 脱水和透明：将切片依次放入80%、95%乙醇中各1min，无水乙醇1～2min×2进行脱水，再将切片依次放入二甲苯与100%乙醇1∶1混合液、二甲苯Ⅰ、二甲苯Ⅱ中各3min。

16. 封藏：取出切片，擦去多余二甲苯，于样品上滴一滴中性树脂，将盖玻片盖于样品上。贴上标签注明组织名称、组员。

17. 镜检。

五、实验结果

绘制该实验的镜检图像并拍照，结果示例见图 3-2。

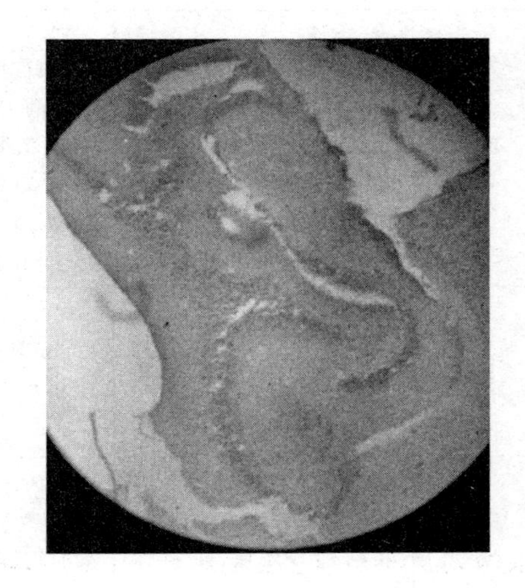

图 3-2　小鼠脑组织切片（200×）（见彩图）

六、思考题

1. 石蜡切片在制备过程中都有哪些注意事项？

2. 植物组织和动物组织常用的固定剂分别有哪些？

3. 分析 HE 染色中影响染色效果的因素都有哪些？

4. 分析切片时蜡带出现孔洞、蜡带纵裂、蜡带弯曲、蜡带薄厚不均等问题的原因。

实验四

动物细胞凋亡的诱导及检测

一、实验目的

1. 了解动物细胞凋亡的原理和诱导细胞凋亡的方法。

2. 掌握利用荧光显微镜观察凋亡细胞形态学变化的方法。

3. 了解检测细胞凋亡的方法，深化对细胞凋亡现象和凋亡机制的理解。

二、实验原理

细胞死亡作为生物体的一种常见现象，在动物细胞中有 3 种主要方式，即凋亡（apoptosis）、自噬（autophagy）和坏死（necroptosis）。近些年，随着细胞死亡研究的深入，已经发现了其他几种形式的细胞死亡，如焦亡（pyroptotic death）、铁死亡（ferroptosis）等，这表明细胞可以通过许多不同的途径死亡。细胞死亡的特征是细胞结构的许多特征性形态变化，以及许多酶依赖性生化过程，不同的死亡方式有所异同，其所对应的检测方法也有所异同（见表 3-1）。形态学观察方法对于不同细胞死亡方式是基本一致的，包括应用透射电镜、扫描电镜观察；经 DAPI 等荧光染料染色后用荧光显微镜观察；吉姆萨（Giemsa）等染料染色后用普通光学显微镜观察。

表 3-1 不同细胞死亡方式形态和生化特征及检测方法

死亡方式	形态特征	生化特征	检测方法
凋亡	核破裂、质膜起泡、细胞皱缩、凋亡小体的形成和邻近细胞的吞噬作用	促凋亡 BCL-2 家族成员、Caspase 激活、数百种 Caspase 底物[例如 Caspase 激活的 DNA 酶抑制剂(ICAD)、多聚 ADP-核糖聚合酶(PARP)]的裂解、磷脂酰丝氨酸暴露、线粒体膜电位($\Delta\Psi_m$)耗散、线粒体外膜通透性(MOMP)和活性氧(ROS)产生	线粒体膜电位检测、Annexin V/PI、TUNEL 法、凋亡相关通路/蛋白质的检测
自噬	自噬液泡的积累、细胞质的液泡化、无染色质凝聚	atg 基因编码蛋白家族,LC3-Ⅰ 到 LC3-Ⅱ 的转化和 p62 的切割	自噬相关蛋白质水平的检测(如 Atg5、Atg7、Beclinl、LC3、P62)、自噬体荧光单/双标法、溶酶体功能检测
坏死性凋亡	质膜完整性丧失和细胞质内容物释放、细胞质和细胞器膨胀、染色体凝聚	RIPK1、RIPK3、mlKL 的磷酸化和泛素化、坏死小体复合物的形成、Caspase 效应物、活性氧的产生和损伤相关分子模式(DAMP)的释放	细胞内含物检测(如 HMGB1、LDHA、IL-1β 等指标)、关键蛋白质检测(如 RIPK3、RIPK1 和 mlKL)
焦亡	质膜破裂释放细胞内容物和促炎细胞因子	Caspase 的激活,IL-1β 和 IL-18 的释放以及 GSDMD(细胞焦亡的基本效应物)的蛋白水解激活	焦亡相关 Gasdermin D、Caspase-1、Caspase-4、IL-1β、IL-18 等指标的检测
铁死亡	较小的线粒体、嵴减少、膜密度增加、线粒体膜破裂,但细胞核正常	铁积累、半胱氨酸剥夺和/或谷胱甘肽过氧化物酶失活最终导致脂质过氧化	细胞活性检测(如 CCK-8 法)、细胞内铁水平检测(如 PGSK 探针法)、活性氧水平检测、死亡相关因子检测(如 COX-2、ACSL4、PTGS2、NOX1、GPX4 和 FTH1)

DAPI 即 4′,6-二脒基-2-苯基吲哚(4′,6-diamidino-2-phenylindole),是一种与 DNA 结合的荧光染料,可以穿透质膜将细胞核染成蓝色,和双链 DNA 结合后产生的荧光比 DAPI 自身强 20 多倍,也比 EB 染色的灵敏度高很多。DAPI 染色常用于细胞凋亡检测,染色后用荧光显微镜观察或流式细胞仪检测,但 DAPI 对人体有刺激性,应注意适当防护。

细胞凋亡存在于个体正常发育和病理等过程中,也可以通过物理(如射线、温度刺激)、化学(如活性氧、重金属离子)、生物(如生物毒素、抗肿瘤药物)等方法人工诱导。依托泊苷(Etoposide,VP-16)是一种细胞周期特异性抗肿瘤药物,作用于 DNA 拓扑异构酶Ⅱ(Topoisomerase Ⅱ),通过形成依托泊苷-DNA 拓扑异构酶Ⅱ-DNA 复合物而抑制 DNA 修复,阻碍细胞进入有丝分裂期,进而导致细胞死亡。因此,依托泊苷常用于体外诱导细胞凋亡。临床上依托泊苷广泛应用于小细胞肺癌、急性白血病、淋巴癌等多种癌症的治疗。

本实验以 HEK293T 细胞为实验材料,加入细胞凋亡诱导药物依托泊苷后,经 DAPI 染色,荧光显微镜下观察细胞核形态学上的变化。

三、实验材料、试剂与设备

（一）实验材料

传代培养的 HEK293T 细胞。

（二）实验试剂

1. 常规试剂

（1）0.01mol/L 磷酸盐（PBS）缓冲液：称取 8.0g 氯化钠、0.2g 氯化钾、1.56g 一水磷酸氢二钠（$Na_2HPO_4 \cdot H_2O$）[或 2.9g 十二水磷酸氢二钠（$Na_2HPO_4 \cdot 12H_2O$）] 以及 0.2g 磷酸二氢钾（KH_2PO_4）溶于 800ml 蒸馏水中，用 HCl 调节溶液的 pH 值至 7.2，最后加蒸馏水定容至 1000ml，121℃高压灭菌 15min。

（2）10000U/ml 青霉素：青霉素一瓶（800000U），注入 8ml 生理盐水，即为 100000U/ml 的青霉素溶液。抽取上述溶液 0.1ml，加 0.9ml 生理盐水，即为 10000U/ml 的青霉素溶液。

（3）10mg/ml 链霉素：链霉素 1 瓶（1g），注入 10ml 生理盐水，即为 100mg/ml 的链霉素溶液。抽取上述溶液 0.1ml，加 0.9ml 生理盐水，即为 10mg/ml 链霉素。

（4）DMEM 培养基（含 10%胎牛血清、100U/ml 青霉素、100μg/ml 链霉素）：称取 10g DMEM 粉末溶于 100ml 蒸馏水中，用 0.22μm 滤膜进行过滤，去除其中的微生物和其他颗粒，将过滤后的 DMEM 培养基分装至无菌瓶中，于 4℃冰箱中保存备用。称取 10g 胎牛血清溶于 100ml DMEM 培养基中，分别加入 1ml 10000U/ml 的青霉素溶液和 10mg/ml 的链霉素溶液，即为含 10%胎牛血清、100U/ml 青霉素、100μg/ml 链霉素的 DMEM 培养基。

（5）0.25%胰蛋白酶溶液（Trypsin-EDTA）：称取 0.25g 胰蛋白酶加入 100ml PBS 缓冲液，于冰浴中低速搅拌 4h，或者冰浴中低速搅拌 0.5h，4℃过夜，然后加入 0.02g EDTA 使之溶解。

2. 染色液

（1）DAPI 染色液：称取 5mg 的 DAPI 粉末，离心使粉末沉积在保存管底，后取 5ml 0.01mol/L pH7.2 的 PBS 缓冲液配成 1mg/ml 的储存液，分装，低温长期保存。使用时用 0.01mol/L pH7.2 PBS 缓冲液稀释为工作浓度 1μg/ml。

（2）VP-16：50mg 依托泊苷加入 0.85ml DMSO，配制成 100mmol/L 的溶液，在实验前新鲜配制，室温保存。

3. 其他

甲醇（−20℃预冷）等。

（三）实验设备

二氧化碳培养箱、超净工作台、荧光显微镜、水浴锅、离心机、细胞培养瓶、

6孔细胞培养板、离心管、移液管、移液器和吸头等。

四、实验步骤

1. 细胞爬片

（1）用0.1mol/L HCl浸泡圆形盖玻片过夜，用自来水冲洗后再用蒸馏水冲洗3次。再将盖玻片浸泡在75%乙醇中1h以上。在超净台中用镊子夹住盖玻片，在酒精灯火焰过一下，使盖玻片干燥，放入6孔细胞培养板中待用。盖玻片非常薄、易碎，取放盖玻片时动作要轻。

（2）预先培养一瓶汇合度为70%～90%生长状态良好的HEK293T细胞，经过胰蛋白酶消化，细胞计数，将1×10^5细胞接种到预先放置有盖玻片的6孔板中，在37℃的CO_2培养箱中培养24h左右。经过过夜培养，细胞通过自身分泌的基质黏附于盖玻片上。

2. 细胞凋亡的诱导

（1）取汇合度为50%～60%生长状态良好的HEK293T细胞进行凋亡诱导。

（2）实验组中加入适量100mmol/L依托泊苷储液（1000×）至工作浓度0.1mmol/L，空白对照组加入等量的DMSO（不含药），以排除依托泊苷储液中DMSO对实验结果的影响，在37℃的CO_2培养箱中培养24h左右。

3. DAPI染色与形态学观察（实验组与对照组分开操作）

（1）取细胞在显微镜下观察，可见部分细胞内的颗粒状物增多。

（2）取1个3.5cm培养皿，加入适量PBS覆盖培养皿底面，用镊子轻轻夹取盖玻片置于培养皿中，爬片细胞面朝上，轻轻晃动培养皿漂洗爬片细胞。重复漂洗1～2次。

（3）吸弃培养皿中的PBS，加入于−20℃预冷的甲醇溶液，固定爬片细胞10min。

（4）吸弃培养皿中的固定液，加入PBS漂洗1～2次。

（5）在包有封口膜的载玻片上滴加70μl DAPI染色液，用镊子轻轻夹取盖玻片，将爬片细胞面朝下轻轻盖在染色液上，将载玻片转移至湿暗盒中，避光染色5～10min。

（6）再取1个3.5cm培养皿，加入适量PBS覆盖培养皿底面，用镊子轻轻夹取盖玻片置于培养皿中，爬片细胞面朝上，轻轻晃动培养皿漂洗爬片细胞。重复漂洗1～2次。

（7）取载玻片，载玻片中央滴1滴PBS缓冲液，用镊子轻轻夹取盖玻片，轻轻将细胞面向下放在载玻片的PBS缓冲液中，避免气泡产生，在荧光显微镜下观察。

五、实验结果

绘制该实验的镜检图像并拍照。

六、思考题

1. 细胞凋亡在有机体生长发育过程中有何重要意义？
2. 如果细胞凋亡异常，机体会出现哪些问题？请举例说明。
3. 研究细胞死亡都有哪些方面的应用？
4. 不同细胞死亡方式的检测方法都有哪些？

第二节　细胞生物学综合实验

【学习导图】

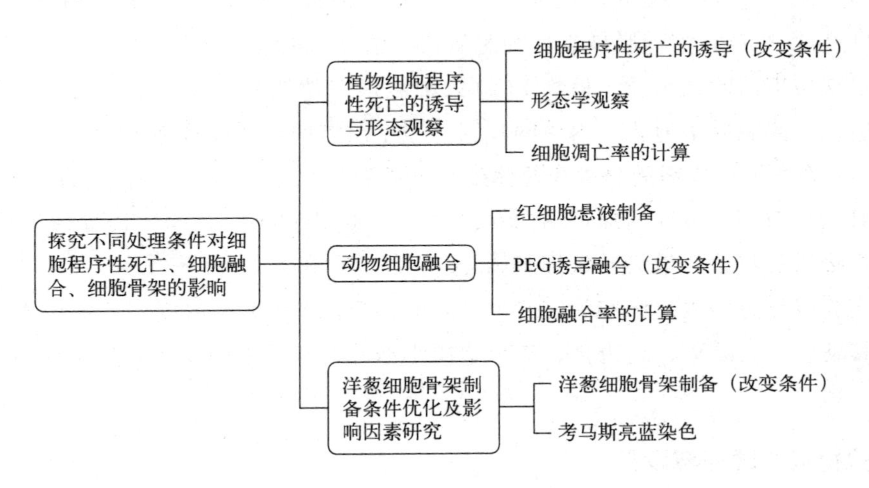

实验一

植物细胞程序性死亡的诱导与形态观察

一、实验目的

1. 掌握植物细胞 PCD 诱导和观察的基本方法。
2. 掌握细胞凋亡率的计算，常用的数据统计分析方法及作图。

二、实验原理

程序性细胞死亡（PCD）是一种由基因控制的主动性死亡方式，存在于所有生物中。在植物中，PCD 在许多发育过程中起着关键作用，例如性别决定、衰老和气孔形成，并参与对非生物和生物胁迫的防御反应。

PCD 过程分为三个阶段，即诱导阶段，细胞接收广泛的细胞外或细胞内信号，如发育信号、病原体攻击、邻近细胞的信号、非生物或生物应激等信号；效应阶段，细胞经一系列信号传递激活死亡机制；降解阶段，死亡机制被激活后可导致基本细胞成分被可控破坏。

目前，人们对植物PCD机制的了解仍然很少。与动物细胞凋亡类似，植物PCD中线粒体同样发挥着至关重要的作用，但在植物中，依赖于线粒体的细胞死亡机制仅部分保守，经典的Caspase和Bcl-2样基因在植物基因组中并没有发现。植物PCD涉及不同种类的信号分子，如目前研究最广泛的植物激素、钙、环核苷酸、活性氧（ROS）和活性氮（RNS）等，并由此构成了更为复杂的信号网络。同时，植物PCD需要不同细胞器（如线粒体、叶绿体、液泡、内质网和细胞核）之间的交叉对话。

目前，从形态学角度可以把植物PCD分为两种，即自溶性PCD和非自溶性PCD。自溶性PCD在液泡膜破裂后细胞质快速清除；而非自溶性PCD在液泡膜破裂后没有出现快速清除细胞质。植物PCD的细胞形态学特征主要包括：细胞染色质凝集并趋边化，细胞质空泡化，内质网膨胀，原生质体回缩，膜成泡等。

$CaCl_2$等离子胁迫剂能刺激线粒体外膜上的受体，使线粒体膜通透性改变。孔不可逆开放，线粒体通透性增加，从而导致细胞色素C(Cyt c)、凋亡诱导因子（AIF）等促凋亡物质的释放，最终导致细胞凋亡。

本实验以洋葱内表皮细胞为实验材料，观察NaCl和不同浓度$CaCl_2$诱发产生的PCD，其染色质的凝集、趋边化、产生胞质小泡等形态学上的变化，并统计不同处理组的凋亡率。

三、实验材料、试剂与设备

（一）实验材料

洋葱内表皮（取新鲜洋葱室温下于清水中培养数小时，使其活化）。

（二）实验试剂

1. 常规试剂

（1）0.1mol/L 氯化钙：称取1.11g氯化钙（$CaCl_2$）溶于适量0.01mol/L pH7.2的PBS缓冲液中，加PBS缓冲液定容至100ml。

（2）0.5mol/L 氯化钙：称取5.55g氯化钙（$CaCl_2$）溶于适量0.01mol/L pH7.2的PBS缓冲液中，加PBS缓冲液定容至100ml。

（3）0.5mol/L 氯化钠：称取氯化钠（NaCl）2.92g，溶于适量0.01mol/L pH7.2的PBS缓冲液中，加PBS缓冲液定容至100ml。

2. 染色液

（1）母液A：称取3g碱性品红，溶于100ml的70%乙醇中（此液可长期保存）。

（2）母液B：取母液A10ml，加入90ml的5%石炭酸水溶液（2周内使用）。

（3）苯酚品红染色液：取母液 B 45ml，加入 6ml 冰乙酸和 6ml 37%甲醛［或者称取 1.35g 碱性品红，溶于 45ml 70%乙醇中（无水乙醇 31.5ml），加入 6ml 冰乙酸和 6ml 37%甲醛（2.22ml 甲醛）］。

（4）改良苯酚品红染色液：苯酚品红染色液 2～10ml，加入 90～98ml 45%乙酸（40.5～44.1ml 冰乙酸）和 1.8g 山梨醇，总体积是 100ml。

（三）实验设备

光学显微镜、刀片、镊子、培养皿、烧杯、电炉、载玻片和盖玻片等。

四、实验步骤

1. 取样

自培养好的洋葱鳞茎上撕取 $1cm^2$ 左右的内表皮若干。

2. 细胞凋亡的诱导

（1）实验组

① 0.1mol/L $CaCl_2$ 处理：将洋葱内表皮置于盛有 0.1mol/L $CaCl_2$ 的培养皿中使其完全浸没并展开，处理 0.5h、1h、2h。

② 0.5mol/L $CaCl_2$ 处理：将洋葱内表皮置于盛有 0.5mol/L $CaCl_2$ 的培养皿中使其完全浸没并展开，处理 0.5h、1h、2h。

③ 0.5mol/L NaCl 处理：将洋葱内表皮置于盛有 0.5mol/L $CaCl_2$ 的培养皿中使其完全浸没并展开，处理 0.5h、1h、2h。

（2）对照组

① 0.01mol/L PBS 处理：将洋葱内表皮置于盛有 0.01mol/L PBS 的培养皿中使其完全浸没并展开，处理 0.5h、1h、2h。

② 高温处理：将洋葱内表皮置于烧杯中煮沸 10min。

3. 染色

将处理过的洋葱内表皮置于改良苯酚染液中染色 10min，洗去表面染料，置于载玻片上，加盖玻片。

4. 镜检

普通光学显微镜下随机选 5 个视野观察细胞形态并拍照。

五、实验结果

1. 绘制该实验的镜检图像并拍照。

2. 不同处理组凋亡细胞数的统计和凋亡率的计算。

注：每组处理分别统计 5 个显微镜视野中的总细胞数和凋亡细胞数（以细胞核染色质出现明显的边缘化凝集为标志），计算凋亡率。凋亡率＝凋亡细胞数/总细胞数×100%。

3. 参照文献，对实验结果进行描述和统计学分析（绘制不同处理组的三线表和柱形图）。

注：练习使用统计学软件 GraphPad 或 SPSS 计算平均值、标准差，并进行 t 检验，绘制柱形图，所做图表在实验结果中呈现。

六、思考题

1. 讨论实验中各组凋亡率的统计学分析结果说明了什么。
2. 动物细胞凋亡和植物 PCD 在形态上有什么区别？
3. 诱导植物 PCD 常用的方法有哪些？

实验二
动物细胞融合

一、实验目的

1. 掌握细胞融合原理，应用 PEG 融合细胞的方法。
2. 探究 PEG 浓度对细胞融合效果的影响。
3. 掌握细胞融合率的计算，常用的数据统计分析方法及作图。

二、实验原理

细胞融合（cell fusion），即在自然条件下或用人工方法（生物的、物理的、化学的）使两个或两个以上的细胞合并形成一个细胞的过程。人工诱导的细胞融合，在 20 世纪 60 年代作为一门新兴技术而发展起来。由于它不仅能产生同种细胞融合，也能产生种间细胞的融合，因此细胞融合技术被广泛应用于细胞生物学和医学研究的各个领域。

细胞融合的诱导物种类很多，常用的主要有灭活的仙台病毒、聚乙二醇（PEG）和电脉冲。其中，PEG 因其简便易得、融合效果稳定而被广泛使用。PEG 能够改变细胞膜脂分子排列，终止 PEG 的作用后，质膜趋向于恢复原来的结构，在恢复过程中相接触的细胞由于接口处双分子层质膜的相互亲和与表面张力，细胞膜融合，胞质流通，细胞发生融合。PEG 介导的细胞融合，其融合效果受 PEG 的分子量与浓度、融合温度、融合时间的影响。

本实验以鸡红细胞为实验材料，探究改变 PEG 浓度对细胞融合效果的影响。

三、实验材料、试剂与设备

（一）实验材料

鸡红细胞样品的制备：抽取鸡静脉血液，迅速加入抗凝剂肝素（按 20U 肝素/ml 全血），再加入 4 倍体积的生理盐水混合均匀，制成红细胞悬液，4℃可保存 1 周。

（二）实验试剂

1. 常规试剂

（1）0.85%生理盐水：称取8.5g氯化钠溶于适量蒸馏水中，然后用蒸馏水定容至1000ml。

（2）GKN液：称取8g氯化钠、0.4g氯化钾、1.77g一水磷酸氢二钠（$Na_2HPO_4 \cdot H_2O$）、2g葡萄糖、0.01g酚红（phenol red），溶于适量蒸馏水中，然后用蒸馏水定容至1000ml。

2. 细胞融合诱导剂及染色液

（1）40%、50%、60%聚乙二醇4000溶液：根据需要称取一定量聚乙二醇4000，放入刻度试管或刻度离心管内，在沸水浴中加热，使其熔化，待冷却至50℃时，加入预热至50℃的所需体积的GKN液，混匀。实验前临时配制。

（2）0.03%詹纳斯绿染液：称取30mg詹纳斯绿染料，加入80ml生理盐水搅拌溶解后，加生理盐水定容至100ml。

3. 其他

Hanks液等。

（三）实验设备

水浴锅、普通光学显微镜、台式离心机、天平、电炉、烧杯、刻度离心管（玻璃）、试管夹、细胞计数板、离心管、吸管、载玻片和盖玻片等。

四、实验步骤

1. 取制备好的鸡红细胞样品1ml，加4ml生理盐水清洗红细胞，清洗时轻轻颠倒混匀以防红细胞破裂，以1000r/min离心5min，去上清液后，沉淀中加入生理盐水至5ml，1000r/min离心5min，去除上清液，沉淀中加入适量GKN液，先配置成体积分数10%左右的细胞悬液，再用细胞计数板计数，用GKN液稀释成1×10^7个/ml的细胞悬液。

2. 取稀释好的细胞悬液1ml放入离心管中，再加4ml Hanks液混匀，以1000r/min离心5min，去除上清液，用指弹法轻轻将细胞沉淀弹松散后将离心管置于37℃水浴（同时再做2个重复）。

3. 将37℃预热的40%、50%、60% PEG各1ml在1min内沿离心管壁分别滴加入3个离心管中，边加边轻摇离心管，使PEG与细胞混匀，37℃静置2min。再缓慢加入6ml 37℃预热的Hanks液，轻轻吹打混匀，于37℃继续静置5min终止PEG的作用。

4. 用吸管轻轻吹打分散细胞团，以1000r/min离心5min，去除上清液，加1ml Hanks液，混匀。

5. 在载玻片上滴加1滴细胞悬液，再加1滴0.03%詹纳斯绿染色3min，加盖玻片。

6. 普通光学显微镜下随机选5个视野观察细胞融合情况并拍照。

7. 计算细胞融合率。

五、实验结果

1. 绘制该实验的镜检图像并拍照。

2. 不同处理组融合细胞数的统计和细胞融合率的计算。

注：每组处理分别统计5个显微镜视野中的总细胞数和融合细胞数，计算融合率(mean±SD)。融合率=(融合的细胞数/总细胞数)×100%。

3. 参照文献，对实验结果进行描述和统计学分析（绘制不同处理组的三线表和柱形图）。

注：练习使用统计学软件 GraphPad 或 SPSS 计算平均值、标准差，并进行 t 检验，绘制柱形图，所做图表在实验结果中呈现。

六、思考题

1. 讨论实验中各组融合率的统计学分析结果说明了什么。

2. 思考改变融合温度或融合时间将对融合率有什么影响？

3. 目前，有什么新兴的诱导细胞融合的方法？

实验三

洋葱细胞骨架制备条件优化及影响因素研究

一、实验目的

1. 掌握植物细胞内微丝的考马斯亮蓝 R-250 染色法。

2. 探究不同处理条件对洋葱鳞茎表皮细胞骨架形态的影响。

二、实验原理

细胞骨架（cytoskeleton）是指真核细胞中由微管、微丝和中间纤维组成的纤维状网架结构，由蛋白质丝组成。采用组织化学的方法，如考马斯亮蓝 R-250、罗丹明标记的鬼笔环肽染色，可以了解微丝在细胞中的分布特点。

考马斯亮蓝 R-250 是一种蛋白质染料，可以染各种蛋白质，并非特异染微丝；Triton X-100 是一种常用的非离子型去垢剂，当细胞用适当浓度的 Triton X-100 处理时，可以把细胞膜上的膜蛋白溶解下来，细胞内其他可溶性蛋白质随之流出胞外，而细胞骨架系统的蛋白质在该条件下能够相对稳定存在，被保留下来。经戊二醛固定和考马斯亮蓝 R-250 染色后，在光学显微镜下可见一种网状结构，其主要成分是由微丝组成的直径约 40nm 的微丝束。其他骨架蛋白（如微管、中间丝）因在该实验条件下不够稳定或纤维太细，在光学显微镜下无法分辨。

本实验以洋葱鳞茎内表皮为实验材料，探究改变 Triton X-100 浓度、1% Triton X-100 抽提时间、戊二醛固定时间对细胞骨架的影响。

三、实验材料、试剂与设备

（一）实验材料

洋葱。

（二）实验试剂

1. 常规试剂

（1）0.2mol/L pH6.8 磷酸盐缓冲液

① 直接配制法　分别称取 17.4489g 二水磷酸氢二钠（$Na_2HPO_4 \cdot 2H_2O$）或 26.2885g 七水磷酸氢二钠（$Na_2HPO_4 \cdot 7H_2O$）或 35.1036g 十二水磷酸氢二钠（$Na_2HPO_4 \cdot 12H_2O$）、14.076g 一水磷酸二氢钠（$NaH_2PO_4 \cdot H_2O$）或 15.9171g 二水磷酸二氢钠（$NaH_2PO_4 \cdot 2H_2O$）溶于蒸馏水中，然后加蒸馏水定容至 1000ml。

② 分别配制法　先配制母液，母液 A(0.2mol/L Na_2HPO_4)：称取 35.61g 二水磷酸氢二钠（$Na_2HPO_4 \cdot 2H_2O$）或 53.65g 七水磷酸氢二钠（$Na_2HPO_4 \cdot 7H_2O$）或 71.6g 十二水磷酸氢二钠（$Na_2HPO_4 \cdot 12H_2O$），溶于 1000ml 蒸馏水中。母液 B (0.2mol/L NaH_2PO_4)：称取 27.60g 一水磷酸二氢钠（$NaH_2PO_4 \cdot H_2O$）或 31.21g 二水磷酸二氢钠（$NaH_2PO_4 \cdot 2H_2O$），溶于 1000ml 蒸馏水中。量取 49ml 母液 A 和 51ml 母液 B，混匀。

（2）3%戊二醛　量取 12ml 25%戊二醛水溶液，加双蒸水定容至 100ml 即为 3% 戊二醛水溶液。

（3）M-缓冲液（各成分终浓度为 50mmol/L 咪唑，50mmol/L KCl，0.5mmol/L $MgCl_2$，1mmol/L EGTA-Na，0.1mmol/L EDTA-Na_2，1mmol/L DTT）　分别称取 3.40g 咪唑、3.73g 氯化钾、0.10g 六水氯化镁（$MgCl_2 \cdot 6H_2O$）、0.38g 乙二醇-双(2-氨乙基）四乙酸（EGTA）、0.04g 乙二氨四乙酸（$EDTA \cdot 2H_2O$）溶于适量蒸馏水中，然后分别加入 0.15g 二硫苏糖醇（DTT）和 294.8ml 甘油，然后加蒸馏水定容至 1000ml。最后用 1mol/L 的盐酸调 pH 值至 7.2。

（4）0.2%考马斯亮蓝 R-250 染色液　称取 2g 考马斯亮蓝 R-250 溶于 465ml 甲醇和 70ml 冰乙酸的混合液中，然后加蒸馏水定容至 1000ml。

2. 细胞骨架保持试剂

（1）30% Triton X-100 母液　量取 300ml Triton X-100，用 M-缓冲液定容至 1000ml，即为 30% Triton X-100 母液。

（2）1% Triton X-100　取 10ml 30% Triton X-100 母液，用 M-缓冲液稀释至 300ml(或直接量取 10ml Triton X-100，用 M-缓冲液定容至 1000ml)。临用前配制。

（三）实验器具

光学显微镜、刀片、培养皿、吸管、小烧杯、载玻片和盖玻片等。

四、实验步骤

1. 撕取洋葱鳞茎上的鳞叶内表皮，大小约 $1cm^2$，放入盛有 0.2mol/L 磷酸盐缓冲液（pH6.8）的小烧杯中。

2. 吸去磷酸盐缓冲液，用 1% Triton X-100（可变参数 0.5%、1%、2%）处理洋葱内表皮 25min（可变参数 10min、15min、25min、45min）。

3. 除去 Triton X-100，用 M-缓冲液充分洗 3 次，每次约 10min。

4. 加 3.0%戊二醛固定 30min（可变参数 15min、30min、45min）。

5. 用 PBS 洗 3 遍，滤纸吸去残液。

6. 0.2%考马斯亮蓝 R-250 染色 15～30min。

7. 用蒸馏水洗去浮色，将样品置于载玻片上，加盖玻片，光学显微镜下观察。

注意：实验选择 1% Triton X-100 浓度、1% Triton X-100 处理时间或 3.0%戊二醛固定时间其中的 1 个改变条件，另 2 个不变。

五、实验结果

绘制该实验的镜检图像并拍照。

六、思考题

1. 对实验结果进行分析（文、图）和讨论。

2. 实验中采用的磷酸盐缓冲液、M-缓冲液及戊二醛的作用分别是什么？

第三节　细胞生物学创新实验

【学习导图】

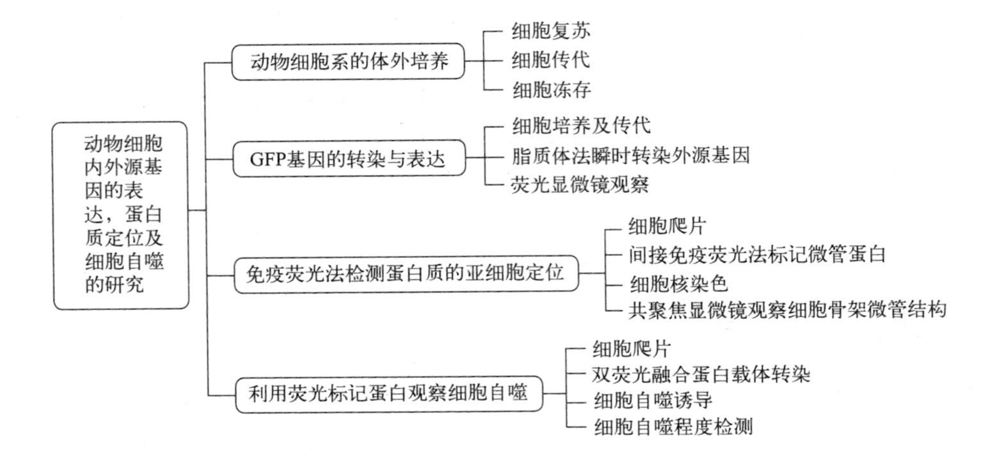

实验一

动物细胞系的体外培养

一、实验目的

1. 建立体外细胞培养的无菌操作概念。
2. 掌握动物细胞系复苏、培养、传代及冻存的基本操作。
3. 学会倒置显微镜观察细胞的方法。

二、实验原理

体外细胞培养是细胞生物学和细胞工程中最基本的实验技术。体外培养的动物细胞有原代细胞和传代细胞。原代细胞是指从动物机体取出后经过胰蛋白酶的消化、分散，立即进行体外培养的细胞群。原代细胞保持了细胞原有的性质，适合做药物测试、细胞分化等研究。但是原代细胞生长缓慢，一般传至10代左右大部分细胞衰老死亡。原代细胞继续培养，极少数的可顺利传代40～50次，被称作细胞株。在传代过程中，有的细胞的染色体发生遗传变异，使细胞具有癌细胞的特点，在一定条件下可以无限制地传代培养下去，这种传代细胞被称为细胞系。细胞系传代培养非常方便，因此应用非常广泛，常用来研究外源基因的表达、蛋白质定位及相互作用等。

体外细胞培养一代的生长过程包括潜伏期、指数生长期和停滞期三个时期（见图3-3）。指数生长期细胞增殖最旺盛，细胞活性最好，可对细胞进行各种实验。体外培养的细胞系由于细胞增殖很快，进入停滞期后，难以继续生长繁殖，需要进行传代培养，即将培养的细胞分散，以1∶2或1∶3以上的比率转移到新的培养皿中进行培养。

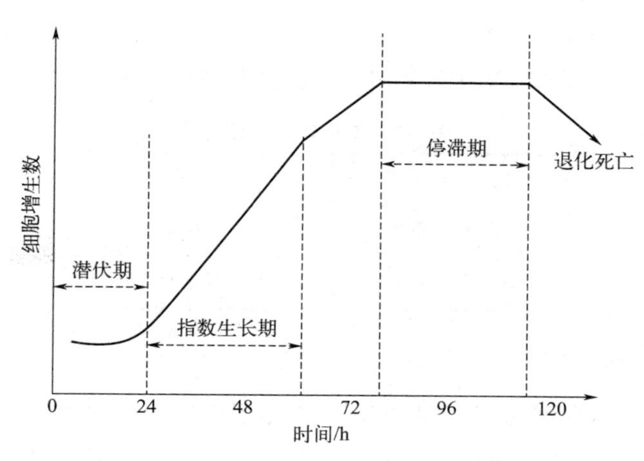

图3-3　体外培养细胞一代的生长周期

HEK293T 细胞源于人胚胎肾细胞，具有上皮细胞属性，一般单层贴壁培养。由于生长速度快、转染效率高，成为一个常用的研究外源基因功能的工具。

三、实验材料、试剂与设备

（一）实验材料

HEK293T(human embryonic kiolney 293T）细胞系。

（二）实验试剂

1. pH7.4 磷酸盐（PBS）缓冲液：取磷酸二氢钾（KH_2PO_4）0.24g、磷酸氢二钠（Na_2HPO_4）1.44g、氯化钠（NaCl）8g、氯化钾（KCl）0.2g，加去离子水约800ml 充分搅拌溶解，然后加入浓盐酸调 pH 值至 7.4，最后定容到 1L。高压蒸汽灭菌，保存于室温或 4℃冰箱中。

2. 细胞消化液（0.25%胰蛋白酶-0.02% EDTA)：胰蛋白酶（Trypsin）粉 0.25g，EDTA 粉 20.0mg，0.01mol/L PBS 100ml。先用少量的 PBS 溶解胰蛋白酶，然后再将 EDTA 和剩余液体加入混合，置于 37℃水浴中，直到液体呈透明状完全溶解为止。用除菌过滤器过滤，分装置于－20℃保存。

3. 青霉素储存液：青霉素 80 万单位一瓶用 8ml PBS 缓冲液稀释。然后过滤除菌，分装置于－20℃保存备用。使用时，按 100U/ml 稀释，500ml 培养液中加入 0.5ml 储存液。

4. 链霉素储存液：链霉素 1g 一瓶用 10ml PBS 缓冲液稀释。然后过滤除菌，分装置于－20℃保存备用。使用时按 100μg/ml 稀释，500ml 培养液中加入 0.5ml 储存液。

5. 细胞冻存液：细胞培养液与 DMSO 按 9∶1 比例混合而成。现用现配，或配制后置于－20℃保存。使用前于 37℃下水浴溶解。

6. DMEM 培养基（高糖）。

7. FBS(fetal bovin serum，胎牛血清）。

8. 完全培养液：按表 3-2 配方配制后，用过滤器过滤除菌。

表 3-2　完全培养液配方

试剂	含量	试剂	含量
DMEM 培养基	90%(体积分数)	青霉素	100 U/ml
FBS(胎牛血清)	10%(体积分数)	链霉素	100 μg/ ml

（三） 实验设备

超净工作台、CO_2 培养箱、液氮罐、倒置显微镜、台式离心机、恒温水浴锅、6cm 细胞培养皿、24 孔细胞培养板、移液器、移液管、15ml 离心管、1.5ml 离心管、细胞冻存管、酒精灯和过滤器等。

四、实验步骤

（一）HEK293T细胞复苏

1. 准备工作

细胞培养室预先常规消杀，用紫外线照射30min以上。移液管、离心管及枪头等高温高压灭菌后有序摆放在超净工作台里面。用75%酒精棉擦拭超净工作台及各种工具，用紫外线消毒20min。将完全培养液、PBS缓冲液、0.25%胰蛋白酶-0.02%EDTA消化液等放入37℃恒温水浴中预热，并将预热的细胞培养液储瓶经酒精擦拭后放入超净工作台。实验开始后，打开超净工作台照明灯和风机，点燃酒精灯，尽量在酒精的火焰附近操作。

2. 将一管冻存的HEK293T细胞从液氮罐中迅速取出，放入37℃恒温水浴中解冻，在解冻过程中不时地摇晃冻存管。细胞复苏的要点是快速融化，避免冰晶缓慢融化进入细胞再次形成冰晶对细胞造成损伤。解冻1～2min后，等液体完全融化后，用酒精棉擦拭冻存管外壁，再放入超净工作台内。

3. 在超净工作台内将10倍冻存液体积的37℃预热的完全培养液加入15ml离心管中。将完全融化的细胞溶液迅速转移至15ml离心管中，完全吹打混合。将离心管以3000r/min离心3min。重复清洗两次，以去除DMSO。

4. 弃去上清液，用5ml完全培养液重悬沉淀，用移液枪反复吹打混合制成细胞悬液。然后将其转移至6cm细胞培养皿中。将培养皿中的细胞轻轻摇晃均匀后，在显微镜下观察细胞（此时细胞是悬浮状态，尚未贴壁）。然后放入37℃、5% CO_2 培养箱中培养。

5. 24～48h后，在显微镜下观察细胞的贴壁情况，给细胞换液，直到细胞长满80%～90%，准备传代。

（二）HEK293T细胞传代

1. 准备工作

同本实验步骤（一）。

2. 细胞的形态观察

从 CO_2 培养箱中取出细胞培养皿，在倒置显微镜下观察细胞的形态与密度、有无污染等，根据细胞的密度决定传代的稀释倍数。贴壁细胞一般选用长满70%～90%的细胞进行传代。

3. 细胞的润洗

在超净工作台中，吸走培养皿内的培养液。缓慢地加入5ml PBS缓冲液，使PBS覆盖细胞表面，避免单层细胞被冲起来。

4. 细胞的消化

吸走细胞表面的PBS缓冲液，加入少量0.25%胰蛋白酶-0.02%EDTA消化液（2ml左右，以液面覆盖住细胞即可）。将细胞放在 CO_2 培养箱中消化2～4min。其间在显微镜下观察细胞，贴壁细胞胞质回缩、细胞间空隙变大、细胞变成球形即可停止消化。注意胰酶消化的时间不能过长，否则会对细胞造成损伤，不易贴壁生长。

5. 悬浮、离心和分装

在超净工作台中，向细胞培养皿中加入6ml完全培养液，以终止胰蛋白酶的消化作用。然后用移液管反复吹吸培养液，使细胞悬浮起来。将细胞悬液转移至15ml离心管中，1000r/min离心5min。在超净工作台中，吸走上清液。用6ml完全培养液反复吹打细胞沉淀，使细胞悬浮起来。按照1∶2或1∶3的比例，将细胞悬液分到新的培养皿中（必要时进行细胞计数，细胞密度不低于5×10^5/ml），每个培养皿中再补加适量的培养液，做好标记，放入CO_2培养箱中培养。

（三）HEK293T细胞冻存

1. 取一盘24～48h培养的处于对数生长期的HEK293T细胞，在显微镜下观察细胞状态。若细胞生长状态良好，密度达到80%～90%，则可以进行冻存。

2. 在超净工作台，吸去细胞培养液，用预温的PBS缓冲液润洗细胞，吸去细胞表面的PBS溶液，加入0.25%胰蛋白酶-0.02%EDTA消化液消化细胞，然后加入完全培养液，用移液管反复吹打细胞，制成单细胞悬液。

3. 将细胞悬液离心，1000r/min离心5min，弃去上清液。

4. 向细胞沉淀物中加入细胞冻存液，轻轻吹打混匀，使细胞密度达到$1\times(10^6\sim10^7)$/ml。

5. 在冻存管上做好标记，包括日期、细胞名称和代数。

6. 分级冻存：先将冻存管放入冷藏冰箱（4～8℃），40min；接着将冻存管移入低温冷冻冰箱（−20℃），60h；然后将冻存管转移到超低温冰箱（−80℃），过夜；最后将冻存管放入液氮中保存。

五、实验结果

1. 细胞复苏2h、6h及24h后在倒置显微镜下观察细胞的形态、是否贴壁及细胞密度，并拍照。

2. 细胞传代2h、6h及24h观察细胞的生长状态，并拍照。

六、思考题

1. 培养细胞过程中，如何避免细胞被污染？
2. 细胞复苏时，为何要快速解冻？
3. 如何判断细胞的生长状态是否良好？
4. 体外培养动物细胞需要哪些生长条件？
5. DMEM完全培养基里含有哪些成分能保证动物细胞体外培养的必要营养？
6. 细胞冻存时，DMSO的作用是什么？
7. 若发现细胞有污染，为了以后的培养实验，应该做哪些工作？

实验二
GFP基因在HEK293T细胞中的转染与表达

一、实验目的

1. 学习动物细胞转染的实验原理。
2. 掌握脂质体法转染的操作步骤。
3. 学习使用倒置荧光显微镜观察细胞内的荧光蛋白。

二、实验原理

外源核酸（DNA或RNA）人工导入真核细胞的过程称为转染。细胞转染有两种类型：瞬时转染和稳定转染。在瞬时转染中，导入的核酸未整合到细胞的基因组，在细胞传代的过程中，转染的遗传物质不会遗传给下一代，而是随着细胞分裂逐渐丢失。但是在细胞分裂之前，高拷贝数的外源基因会引起外源蛋白的高效表达，表达产物在24～96h就可检测到，一周之后便无法再测出。超螺旋质粒DNA因为能被细胞高效摄取，因此瞬时转染的效率最高。稳定转染是在瞬时转染的基础上建立的，极少数的外源基因被整合到细胞的基因组中，随着细胞的基因组一起复制，因此可以长期存在于转染细胞及其子细胞中。建立稳定转染细胞系，需要使用选择性标记（例如抗生素抗性基因）与外源基因共同转染，然后利用相应的抗生素来筛选，只有稳定转染的细胞才能获得对抗生素的抗性，在细胞长期传代培养中得以存活下来。一般仅有单个拷贝或几个拷贝的外源基因整合到细胞染色体中，稳定转染的细胞系外源基因表达量没有瞬时转染的表达量高。

根据转染机制的不同可以分为化学转染法、物理转染法和生物转染法。化学方法包括DEAE-葡聚糖法、磷酸钙法和脂质体法等。物理方法包括显微注射和电穿孔等。生物方法包括各种病毒介导的转染。脂质体法是利用脂质膜包裹DNA，脂质膜与细胞膜融合或内吞将DNA转入细胞内。阳离子脂质体表面带正电荷，能与带负电荷的核酸结合将DNA分子包裹形成复合物，当复合物与细胞混合时，脂质体表面的正电荷被表面带负电的细胞膜吸附，再与细胞膜发生融合，核酸被内吞进入细胞质。该方法操作简便，具有较高的转染效率，不仅可以转染其他方法不易转染的细胞系，而且还能转染不同长度的DNA、RNA及蛋白质。脂质体是一种常用的化学转染试剂。

绿色荧光蛋白（green fluorescent protein，简称GFP）是最早在海洋生物水母体中提取的发光蛋白，被自然光或蓝光激发后发出绿色荧光。利用基因克隆技术，构建目的基因与GFP基因的融合载体，通过细胞转染技术转入细胞。GFP相对较小，只有238个氨基酸，不会影响融合蛋白的表达与分布。因此GFP常被用作荧光探针，研究蛋白质在细胞内的分布及变化。

三、实验材料、试剂与设备

（一）实验材料

1. HEK293T 细胞系：源于人胚胎肾细胞，含有 SV40 大 T 抗原。

2. pEGFP-N1 质粒：带有 GFP 基因的空载体。含有高效的 SV40 和 CMV 启动子，使目的基因在细胞中高水平表达；具有多克隆位点，便于目的基因片段的插入；携带 neo 基因，可以用 G418 筛选稳定转染克隆（图 3-4）。

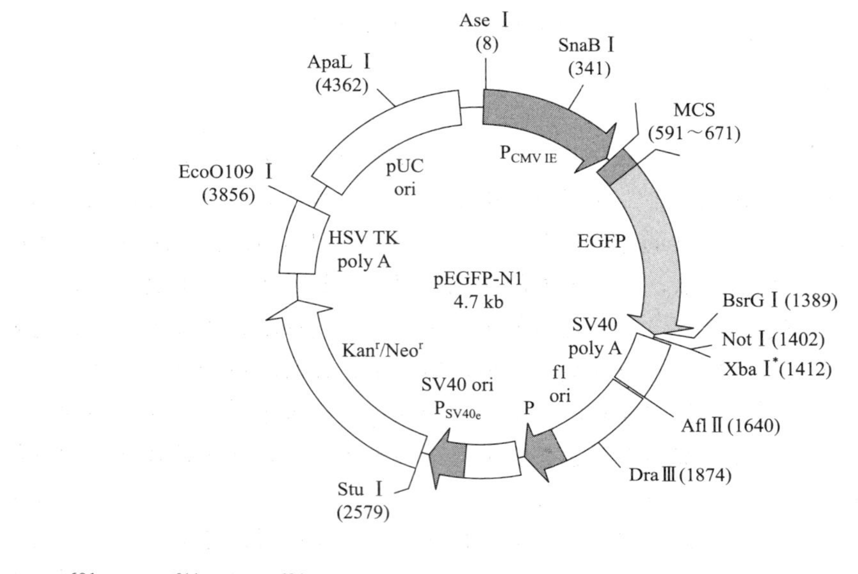

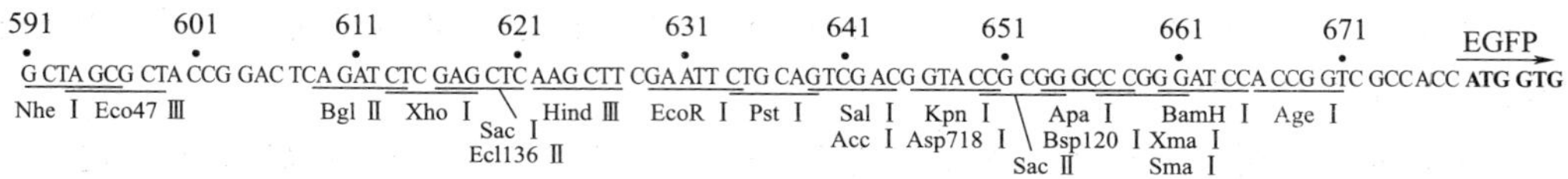

图 3-4　pEGFP-N1 质粒图谱

（二）实验试剂

1. PBS 缓冲液（pH7.4）。
2. DMEM 培养基。
3. Opti-MEM 培养基。
4. 消化液：0.25%胰蛋白酶-0.02%EDTA。
5. 转染试剂：脂质体 2000(Lipo2000)。

（三）实验设备

超净工作台、CO_2 培养箱、液氮罐、倒置显微镜、台式离心机、恒温水浴锅、细胞培养板、移液器、移液管、15ml 离心管、1.5ml 离心管、吸管、酒精灯和过滤器等。

四、实验步骤

（一）细胞培养和传代

预先培养一盘生长状态良好的长满70%～90%的HEK293T细胞。转染前一天，在24孔培养板接种（2.5～4）×10^4细胞/0.5ml DMEM培养液（含10% FBS，不含双抗）。使得第二天细胞密度达到80%以上。接种细胞的密度参照表3-3。

表3-3 转染前细胞接种密度

培养皿	细胞数量	培养基体积/ml
96孔板 24孔板	1×10^4～2×10^4 2.5×10^4～4×10^4	0.2 0.5
12孔板	5×10^4～8×10^4	1
6孔板 6cm培养皿	1×10^5～1.5×10^5 2.5×10^5～4×10^5	2 5
10cm培养皿	0.5×10^6～1×10^6	10

（二）细胞转染

1. 稀释质粒DNA：用50μl不含血清的Opti-MEM培养液稀释0.8μg pEGFP-N1质粒DNA，用移液枪轻轻吹打混匀，制成A液，室温放置5min。

2. 稀释转染试剂：用50μl不含血清的Opti-MEM培养液稀释2.0μl转染试剂脂质体2000(表3-4)，用移液枪轻轻吹打混匀，制成B液，室温放置5min。

3. 制备转染复合物：将A液和B液轻轻混匀，在室温下放置20min。

4. 将上述100μl混合物加到24孔板中，前后轻晃培养板使得转染复合物与培养基混匀。将细胞放入CO_2培养箱继续培养24～48h。

（三）荧光显微镜观察

转染后24～72h，在荧光显微镜下观察绿色荧光来检测转染效率及外源基因GFP的表达情况。

表3-4 脂质体2000转染质粒DNA用量

培养皿	每孔表面积/cm^2	质粒DNA浓度/μg	脂质体2000/μl	Opti-MEM培养液/μl	每孔加入转染混合物/μl
96孔板	0.3	0.2	0.5	25+25	50
24孔板	2	0.8	2.0	50+50	100
12孔板	4	1.6	4.0	100+100	200
6孔板	10	4.0	10	250+250	500
6cm培养皿	20	8.0	20	500+500	1000
10cm培养皿	60	24	60	1500+1500	3000

五、实验结果

1. 使用倒置荧光显微镜观察明场和荧光下细胞，并采集图像。
2. 统计 GFP 基因的转染效率。

六、思考题

1. 哪些因素会影响动物细胞系转染效率？
2. 细胞进行转染时，培养基中为何不能含有抗生素？
3. pGFP-N1 质粒为何能在 HEK293T 细胞中复制并表达？
4. 脂质体转染的原理是什么？
5. 常用的细胞转染的方法还有哪些？
6. 脂质体转染时培养基为何要更换为 Opti-MEM？

实验三
免疫荧光技术研究蛋白质的亚细胞定位

一、实验目的

1. 掌握动物细胞骨架和细胞核的免疫荧光染色方法。
2. 了解荧光显微镜下细胞骨架的基本形态。
3. 掌握共聚焦显微镜的使用方法。

二、实验原理

生物体细胞是一个高度有序的结构，包括不同的细胞器或亚细胞结构，每种亚细胞结构都由特定的蛋白质组成。蛋白质在核糖体合成后经分选信号引导，被转运到特定的亚细胞结构中，只有正确转运的蛋白质才能发挥正常的生命活动。所以蛋白质在细胞内的定位具有重要的生物学意义，对于深入了解蛋白质的功能和分子作用机制是必不可少的。

免疫荧光技术是将免疫学方法（抗原抗体特异性结合）与荧光标记技术结合起来研究特异蛋白质抗原在细胞内分布的方法。免疫荧光技术分为直接法和间接法（图 3-5）。直接法是荧光素直接标记一抗，检测抗原。间接法是一抗先与细胞内的蛋白质抗原结合，再用荧光素标记的二抗进行检测。一般情况下，一个二抗分子可以识别一种动物源的所有一抗，因此间接法更高效、通用性强。荧光素受激发光的照射而发出明亮的荧光，通过荧光显微镜观察标本，根据荧光确定目标蛋白在细胞内的定位。在免疫荧光技术中，需要将细胞固定在载玻片上。如果要观察细胞内的蛋白质，则需要对细胞进行打孔处理，以便抗体等物质能通过细胞膜进入到细胞内与目标蛋白结合。通常可以用不同颜色的荧光素标记不同的目标蛋白的抗体，因此可以同时观察多个蛋白质在细胞内的定位情况。

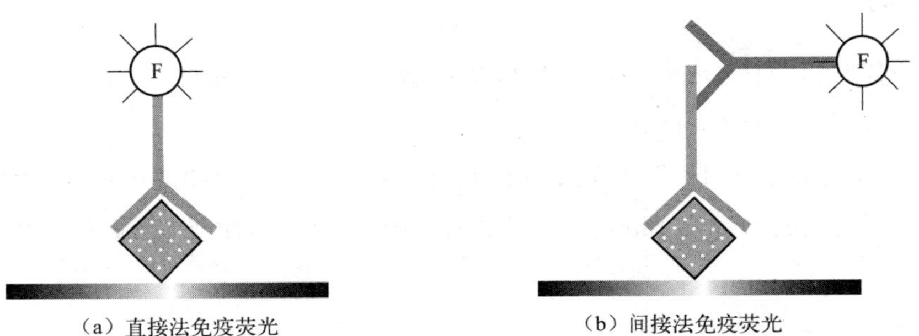

（a）直接法免疫荧光　　（b）间接法免疫荧光

图 3-5　免疫荧光技术示意图

F—荧光

细胞骨架是真核细胞中的蛋白纤维网架体系，包括微管、微丝及中间纤维。微管主要分布在核周围，呈放射状分布；微丝主要分布在细胞质膜的内侧，中间纤维则分布于整个细胞中。本实验采用间接免疫荧光法标记微管蛋白，首先用 Tubulin 的单克隆抗体（鼠抗人）结合微管蛋白，再用 Alexa Fluor488 标记的山羊抗鼠 IgG 二抗与一抗结合，这样细胞内的微管在荧光显微镜的蓝光激发下显示绿色荧光。常用的荧光素见表 3-5。

表 3-5　常用的荧光素

项目	激发波长/nm	发射波长/nm	发射的荧光
异硫氰酸荧光 FITC	490～495	520～530	黄绿色
四乙基罗丹明 RB200	570	595～600	橙红色
四甲基异硫氰酸罗丹明 TRITC	550	620	橙红色
藻红蛋白 PE	490～560	595	红色

三、实验材料、试剂与设备

（一）实验材料

HEK293T 细胞系。

（二）实验试剂

1. 细胞培养用试剂

（1）PBS 缓冲液（pH7.4）。

（2）DMEM 完全培养基。

（3）消化液：0.25％胰蛋白酶-0.02％ EDTA。

2. 免疫染色用试剂

（1）浸洗液：1×PBS 缓冲液。

（2）固定液：4％ PFA（多聚甲醛），4g 多聚甲醛加入 50～80ml PBS 中，加热至 60℃，持续搅拌直至完全溶解（加入少许 1mol/L NaOH 保持溶液清亮），定容至 100ml，用过滤器过滤，分装于－20℃保存。

(3) 细胞穿孔试剂：0.5% Triton X-100（PBS 配制，PBS 99.5ml + Triton 0.5ml）。

(4) 封闭液：1% BSA，将 1g 牛血清白蛋白（BSA）粉剂溶解于 100ml PBS 溶液中，充分溶解后分装保存。

(5) 一抗溶液：Tubulin 小鼠单克隆抗体（用 1×PBS 缓冲液 1∶200 稀释）。

(6) 二抗溶液：Alexa Fluor488 标记的山羊抗鼠 IgG（用 1×PBS 缓冲液 1∶1000 稀释）。

(7) DAPI 染色液。

(8) 抗荧光淬灭封片剂：50%(*V*/*V*) 甘油/PBS。

（三）实验设备

超净工作台、CO_2 培养箱、台式离心机、恒温水浴锅、12 孔细胞培养板、移液器、移液管、15ml 离心管、1.5ml 离心管、圆形盖玻片（直径 20mm）、酒精灯、过滤器、湿盒、微量移液器、倒置显微镜和共聚焦激光显微镜等。

四、实验步骤

（一）细胞爬片

1. 用 0.1mol/L HCl 浸泡圆形盖玻片过夜，用蒸馏水冲洗 3 次。再将盖玻片浸泡在 75%乙醇中 1h 以上。在超净工作台中用镊子夹住盖玻片，在酒精灯火焰上过一下，使盖玻片干燥。放入 12 孔细胞培养板中待用。盖玻片非常薄、易碎，取放盖玻片时动作要轻。

2. 预先培养一盘长满 70%～90%的生长状态良好的细胞，经过胰蛋白酶消化，细胞计数，将 1×10^5 细胞接种到预先放置有盖玻片的 12 孔板中，37℃、CO_2 培养箱中培养 24h。经过过夜培养，细胞通过自身分泌的基质，黏附于盖玻片上。

（二）免疫染色

1. 浸洗细胞：将长满细胞的盖玻片用预温的 1×PBS 缓冲液浸洗 3 次，每次 3min。浸洗时动作要轻柔，以免细胞脱落。

2. 细胞固定：吸去浸洗液，注意一直保持细胞湿润。用 4% PFA 在室温条件下固定细胞 15min。PFA 具有挥发毒性，这一步可以在通风橱中进行。

3. 浸洗细胞：用预温的 1×PBS 浸洗 3 次，每次 3min。

4. 细胞透膜：吸去浸洗液。用 0.5% Triton X-100 在室温孵育细胞 15min，给细胞膜打孔（检测细胞膜上的蛋白质，无需打孔）。

5. 浸洗细胞：用预温的 1×PBS 浸洗 3 次，每次 3min。

6. 细胞封闭：吸去浸洗液，在盖玻片上滴加 1% BSA 溶液，室温封闭 1h。

7. 一抗孵育：以孔为单位，将细胞分为 2 组——对照组和实验组。吸走封闭液，对照组滴加 1% BSA 溶液，作为阴性对照。实验组直接滴加稀释好的一抗溶液到盖玻片上，放入湿盒，4℃孵育过夜，或者室温孵育 2h。若是不确定抗体的稀释度，可以建立梯度稀释（1∶10，1∶100，1∶1000，1∶10000）来确定正确的稀释倍数。

8. 浸洗细胞：用预温的 1×PBS 浸洗 3 次，每次 3min。

9. 二抗孵育：稀释好的荧光素标记的二抗直接滴加到盖玻片上（对照组和实验组相同处理），覆盖标本表面。室温避光孵育 30～60min。从二抗孵育开始，在避光条件下操作，避免荧光淬灭。

10. 浸洗细胞：用预温的 1×PBS 浸洗 3 次，每次 3min。

11. 细胞核染色：使用 DAPI 染色液，室温条件下孵育 10min。

12. 浸洗细胞：用预温的 1×PBS 浸洗 3 次，每次 3min。

13. 封片：封片前，在干净的载玻片中央位置滴一滴封片剂，将爬片的细胞面接触封片剂，倒扣在载玻片上，轻轻按压，使液体充分扩散均匀。可在盖玻片周围涂抹指甲油防止液体蒸发。样品可以在 4℃避光保存一段时间。

五、实验结果

1. 在倒置荧光显微镜下用不同波长的激发光对细胞骨架微管结构及细胞核进行观察，比较对照组和实验组的荧光强度。

2. 用共聚焦显微镜拍摄照片并将结果叠加。

六、思考题

1. 免疫荧光技术直接法和间接法各有什么优缺点？

2. 举例说明，免疫荧光技术在科学研究或临床诊断上的应用。

3. 实验过程中，用 0.5% Triton X-100 处理细胞的作用是什么？

4. 免疫荧光实验中，封闭液的作用是什么？

5. 如何最大限度地降低非特异染色？

6. 如果用免疫荧光技术标记细胞内的两种不同的蛋白质，这两种蛋白质的一抗为何要选用来源不同动物种属的？

实验四

利用荧光标记蛋白观察细胞自噬

一、实验目的

1. 了解细胞自噬的基本概念。

2. 掌握细胞自噬的诱导方法。

3. 掌握双荧光标记蛋白 LC3 观察自噬体的原理和方法。

二、实验原理

细胞自噬是细胞将衰老损坏的蛋白质或细胞器等包裹在一个双层膜的囊泡中，即形成自噬小体。自噬小体与溶酶体融合，最终使被包裹的蛋白质和细胞器降解为小分子物质被重新利用。细胞自噬是机体的一种自我保护机制，也是一个高度调控的过程。为维持机体内环境的稳态，细胞在正常生理条件下能进行低水平的自噬，属于基础自噬。在缺氧、饥饿或某些化学物质刺激时，细胞会发生应激反应，激活并上调自噬活性。

LC3 蛋白是自噬体双层膜的招募蛋白。通过外源表达系统在宿主细胞过表达 mCherry-EGFP-LC3 融合蛋白，融合蛋白与内源的 LC3 蛋白一样参与自噬体的形成。细胞未自噬时，mCherry-EGFP-LC3 融合蛋白弥散在胞浆中；自噬形成时，mCherry-EGFP-LC3 融合蛋白转位到自噬体膜，在自噬体囊泡上聚集成颗粒。由于融合蛋白既可以发出红色荧光，也可以发出绿色荧光，重叠后显示黄色荧光。因此，在荧光显微镜下显示出多个黄色的荧光斑点。一个斑点相当于一个自噬体，可以通过计数来评价自噬活性的高低。后期自噬体与溶酶体融合形成自噬溶酶体，使得囊泡内部为酸性环境。在酸性环境下，GFP 绿色荧光信号会淬灭。这时的自噬体只呈现出红色荧光信号。因此，可以通过计算黄色斑点和红色斑点的数量，区分细胞内初始自噬体及自噬溶酶体的数量。

正常培养的细胞自噬活性很低，不适于观察。本实验利用帕雷霉素诱导细胞自噬，并通过在细胞内过量表达的双荧光标记的 mCherry-EGFP-LC3 融合蛋白，在荧光显微镜下观察检测细胞的自噬活性。

三、实验材料、试剂与设备

（一）实验材料

1. HEK293T 细胞系。
2. mCherry-EGFP-LC3 融合蛋白载体

（二）实验试剂

1. 细胞培养用试剂：DMEM 完全培养基、PBS 缓冲液、胰蛋白酶消化液。
2. 转染试剂：Opti-MEM 培养基、脂质体 2000。
3. 自噬诱导试剂：雷帕霉素（Rapamycin）、DMSO。
4. 封片剂：50%（V/V）甘油/PBS。

（三）实验设备

超净工作台、CO_2 培养箱、倒置荧光显微镜、台式离心机、恒温水浴锅、细胞培养板、移液器、移液管、离心管和酒精灯等。

四、实验步骤

（一）细胞爬片

1. 用 0.1mol/L HCl 浸泡圆形盖玻片过夜，用蒸馏水冲洗 3 次。再将盖玻片浸泡在75%乙醇中1h以上。在超净工作台中用镊子夹住盖玻片，在酒精灯火焰上过一下，使盖玻片干燥。放入12孔板中待用。盖玻片非常薄，易碎，取放盖玻片时动作要轻。

2. 事先准备一盘生长状态良好的长满70%～90%的HEK293T细胞。转染前一天，经过胰蛋白酶消化，细胞计数，在预先放置有盖玻片的12孔板中接种5×10^5细胞/ml DMEM培养液（含10%FBS，不含双抗）。37℃、CO_2培养箱中培养24h，使得第二天细胞密度达到80%～90%。

（二）脂质体转染

1. 用100μl不含血清的Opti-MEM培养液稀释1.6μg mCherry-EGFP-LC3融合蛋白载体DNA，用移液枪轻轻吹打混匀，制成A液。再用100μl不含血清的Opti-MEM培养液稀释4.0μl转染试剂脂质体2000，用移液枪轻轻吹打混匀，制成B液。室温放置5min后，将A液和B液轻轻混匀，在室温下放置20min。

2. 将上述200μl混合物加到12孔板中，前后轻晃培养板使得转染复合物与培养基混匀。将细胞放入CO_2培养箱继续培养5h后，更换成完全培养基继续培养20h。

（三）诱导自噬

1. 将细胞分为2组，一组为对照组，另一组为实验组。对照组每孔细胞加入1μl DMSO作为阴性对照，实验组每孔细胞加入1μl 400μmol/L的雷帕霉素储存液。轻轻摇晃混匀后，将细胞放回培养箱继续培养。

2. 处理6h或24h后，将细胞培养皿取出，吸去培养液。在盖玻片上滴一滴封片剂，将盖玻片从培养皿中取出，长满细胞的面向下盖到封片剂上，轻轻按压，使液体充分扩散均匀。可在盖玻片周围涂抹指甲油防止液体蒸发。

3. 检查自噬程度

将制备好的细胞样品在倒置荧光显微镜下观察，先用低倍镜在明场中找到细胞，然后打开汞灯，选择合适的滤光片，分别观察对照组和实验组mCherry-EGFP-LC3融合蛋白的定位和形态。

五、实验结果

1. mCherry-EGFP-LC3融合蛋白载体转染24h后，通过检测GFP绿色荧光判断转染效率。同一个观察界面，采集白光下细胞图片和激发光下绿色荧光图片，计算相应的转染效率。

2. 诱导自噬之前，观察融合蛋白在宿主细胞中的定位。

3. 在帕雷霉素诱导后6h和24h后，分别在荧光显微镜下观察融合蛋白在细胞中的定位，采集绿色荧光和红色荧光图片及双荧光图片，并统计对照组和实验组平均每个细胞绿色和红色荧光斑点数，用柱状图表示。

六、思考题

1. 除了在荧光显微镜下观察荧光蛋白的分布，还有哪些方法可以检测细胞自噬的程度，原理是什么？

2. 双荧光标记蛋白 mCherry-EGFP-LC3 与单荧光标记蛋白 EGFP-LC3 相比，在检测细胞自噬程度上有什么优势？

3. 雷帕霉素诱导细胞自噬的原理是什么？

4. 还有哪些诱导细胞自噬的方法，原理是什么？

5. 对照组加入 DMSO 处理细胞的作用是什么？

附　录

附录一　实验室安全及防护知识

在生物工程专业基础实验室中，实验内容会涉及毒性很强、有腐蚀性、易燃烧和具有爆炸性的化学药品，有易碎的玻璃器皿和瓷质器皿，也会用到气、水、电等高温高热设备。因此，必须要十分重视安全工作，学习相关的防护知识。具体如下：

（1）进入实验室区域工作，必须穿好工作服。不得穿无袖衫、短裤、裙子、拖鞋以及暴露脚背、脚跟的鞋子。

（2）实验室中有的生化药品具有毒性，不得违反操作规程，不得将食物带进实验室。

（3）使用电器设备（如烘箱、恒温水浴锅、离心机、电炉等）时，严防触电；绝不可用湿手或在眼睛旁视时开关电闸和电器开关。

（4）使用浓酸、浓碱时，必须极为小心地操作，防止溅出。用移液管量取这些试剂时，必须使用洗耳球。若不慎将这类试剂溅在实验台上或地面上时，必须及时用湿抹布擦洗干净。如果触及皮肤应立即治疗。

（5）使用有毒试剂，应严格按学校实验室的管理规定，办理审批手续后领取，使用时严格操作，用后妥善处理。

（6）所有剧毒、有毒物品的废物、废液，不能直接倒在水槽中，应收集在特设的回收桶内，进行专门处理或消毒解体。

（7）不得用手直接摸拿化学药品，不得用口尝方法鉴别物质，不得直接正面嗅闻化学气味。

（8）在监测实验过程中或在紫外光下长时间用裸眼观察物体时，应根据实验要求戴护目镜，避免化学药品特别是强酸、强碱、玻璃屑等异物进入眼内。

（9）在处理具有刺激性的、恶臭的和有毒的化学药品时，必须在通风橱中进行，避免吸入药品和溶剂蒸气。

（10）采集有毒、有腐蚀性、有刺激性样品时，必须戴好防护用具和防毒面罩。

（11）实验结束后关闭设备开关，切断电源，避免设备或用电器具通电时间过长、温度过高而引起着火；离开实验室时，一定要将室内检查一遍，应将水龙头、气的阀门关闭，切断电源，关好、锁好门窗。

附录二　易制毒化学品目录

序号	中文名称	类别	危险化学品
1	1-苯基-2-丙酮	第一类	否
2	3,4-亚甲基二氧苯基-2-丙酮		否
3	胡椒醛		否
4	黄樟素		否
5	黄樟油		否
6	异黄樟素		否
7	*N*-乙酰邻氨基苯酸		否
8	邻氨基苯甲酸		否
9	麦角酸*		否
10	麦角胺*		否
11	麦角新碱*		否
12	麻黄素、伪麻黄素、消旋麻黄素、去甲麻黄素、甲基麻黄素、麻黄浸膏、麻黄浸膏粉等麻黄素类物质*		否
13	羟亚胺		否
14	1-苯基-2-溴-1-丙酮		否
15	3-氧-2-苯基丁腈		否
16	邻氯苯基环戊酮		否
17	*N*-苯乙基-4-哌啶酮(NPP)		否
18	4-苯氨基-*N*-苯乙基哌啶(4-ANPP)		否
19	*N*-甲基-1-苯基-1-氯-2-丙胺		否
20	苯乙酸	第二类	否
21	乙酸酐		是
22	三氯甲烷		是
23	乙醚		是
24	哌啶		是
25	1-苯基-1-丙酮		否
26	溴素		是
27	α-苯乙酰乙酸甲酯		否
28	α-乙酰乙酰苯胺		否
29	3,4-亚甲基二氧苯基-2-丙酮缩水甘油酸		否
30	3,4-亚甲基二氧苯基-2-丙酮缩水甘油酯		否

续表

序号	中文名称	类别	危险化学品
31	甲苯	第三类	是
32	丙酮		是
33	甲基乙基酮		是
34	高锰酸钾		是
35	硫酸		是
36	盐酸		是
37	苯乙腈		是
38	γ-丁内酯		否

注：1. 第一类、第二类所列物质可能存在的盐类，也纳入管制。

2. 带有*标记的品种为第一类中的药品类易制毒化学品，第一类中的药品类易制毒化学品包括原料药及其单方制剂。

3. 此目录据国办函【2021】58号更新。

附录三　易制爆危险化学品目录

序号	品名	别名	CAS 号	主要的燃爆危险性分类
1 酸类				
1.1	硝酸		7697-37-2	氧化性液体，类别 3
1.2	发烟硝酸		52583-42-3	氧化性液体，类别 1
1.3	高氯酸(浓度>72%)	过氯酸	7601-90-3	氧化性液体，类别 1
	高氯酸(浓 50%～72%)			氧化性液体，类别 1
	高氯酸(浓度≤50%)			氧化性液体，类别 2
2 硝酸盐类				
2.1	硝酸钠		7631-99-4	氧化性固体，类别 3
2.2	硝酸钾		7757-79-1	氧化性固体，类别 3
2.3	硝酸铯		7789-18-6	氧化性固体，类别 3
2.4	硝酸镁		10377-60-3	氧化性固体，类别 3
2.5	硝酸钙		10124-37-5	氧化性固体，类别 3
2.6	硝酸锶		10042-76-9	氧化性固体，类别 3
2.7	硝酸钡		10022-31-8	氧化性固体，类别 2
2.8	硝酸镍	二硝酸镍	13138-45-9	氧化性固体，类别 2
2.9	硝酸银		7761-88-8	氧化性固体，类别 2
2.10	硝酸锌		7779-88-6	氧化性固体，类别 2
2.11	硝酸铅		10099-74-8	氧化性固体，类别 2
3 氯酸盐类				
3.1	氯酸钠		7775-09-9	氧化性固体，类别 1
	氯酸钠溶液			氧化性液体，类别 3*
3.2	氯酸钾		3811-04-9	氧化性固体，类别 1
	氯酸钾溶液			氧化性液体，类别 3*
3.3	氯酸铵		10192-29-7	爆炸物，不稳定爆炸物
4 高氯酸盐类				
4.1	高氯酸锂	过氯酸锂	7791-03-9	氧化性固体，类别 2
4.2	高氯酸钠	过氯酸钠	7601-89-0	氧化性固体，类别 1
4.3	高氯酸钾	过氯酸钾	7778-74-7	氧化性固体，类别 1
4.4	高氯酸铵	过氯酸铵	7790-98-9	爆炸物，1.1 项 氧化性固体，类别 1

续表

序号	品名	别名	CAS 号	主要的燃爆危险性分类
5 重铬酸盐类				
5.1	重铬酸锂		13843-81-7	氧化性固体，类别 2
5.2	重铬酸钠	红矾钠	10588-01-9	氧化性固体，类别 2
5.3	重铬酸钾	红矾钾	7778-50-9	氧化性固体，类别 2
5.4	重铬酸铵	红矾铵	7789-09-5	氧化性固体，类别 2*
6 过氧化物和超氧化物类				
6.1	过氧化氢溶液（含量＞8％）	双氧水	7722-84-1	（1）含量≥60％氧化性液体，类别 1； （2）20％≤含量＜60％氧化性液体，类别 2； （3）8％＜含量＜20％氧化性液体，类别 3
6.2	过氧化锂	二氧化锂	12031-80-0	氧化性固体，类别 2
6.3	过氧化钠	双氧化钠 二氧化钠	1313-60-6	氧化性固体，类别 1
6.4	过氧化钾	二氧化钾	17014-71-0	氧化性固体，类别 1
6.5	过氧化镁	二氧化镁	1335-26-8	氧化性液体，类别 2
6.6	过氧化钙	二氧化钙	1305-79-9	氧化性固体，类别 2
6.7	过氧化锶	二氧化锶	1314-18-7	氧化性固体，类别 2
6.8	过氧化钡	二氧化钡	1304-29-6	氧化性固体，类别 2
6.9	过氧化锌	二氧化锌	1314-22-3	氧化性固体，类别 2
6.10	过氧化脲	过氧化氢尿素 过氧化氢脲	124-43-6	氧化性固体，类别 3
6.11	过乙酸（含量≤16％，含水≥39％，含乙酸≥15％，含过氧化氢≤24％，含有稳定剂）	过乙酸 过氧乙酸 乙酰过氧化氢	79-21-0	有机过氧化物 F 型
	过乙酸（含量≤43％，含水≥5％，含乙酸≥35％，含过氧化氢≤6％，含有稳定剂）			易燃液体，类别 3 有机过氧化物，D 型
6.12	过氧化二异丙苯（52％＜含量≤100％）	二枯基过氧化物； 硫化剂 DCP	80-43-3	有机过氧化物，F 型
6.13	过氧化氢苯甲酰	过苯甲酸	93-59-4	有机过氧化物，C 型
6.14	超氧化钠		12034-12-7	氧化性固体，类别 1
6.15	超氧化钾		12030-88-5	氧化性固体，类别 1
7 易燃物还原剂类				
7.1	锂	金属锂	7439-93-2	遇水放出易燃气体的物质和混合物，类别 1
7.2	钠	金属钠	7440-23-5	遇水放出易燃气体的物质和混合物，类别 1

续表

序号	品名	别名	CAS号	主要的燃爆危险性分类
7.3	钾	金属钾	7440-09-7	遇水放出易燃气体的物质和混合物,类别1
7.4	镁		7439-95-4	(1)粉末:自热物质和混合物,类别1;遇水放出易燃气体的物质和混合物,类别2 (2)丸状、旋屑或带状:易燃固体,类别2
7.5	镁铝粉	镁铝合金粉		遇水放出易燃气体的物质和混合物,类别2;自热物质和混合物,类别1
7.6	铝粉		7429-90-5	(1)有涂层:易燃固体,类别1 (2)无涂层:遇水放出易燃气体的物质和混合物,类别2
7.7	硅铝		57485-31-1	遇水放出易燃气体的物质和混合物,类别3
	硅铝粉			
7.8	硫黄	硫	7704-34-9	易燃固体,类别2
7.9	锌尘		7440-66-6	自热物质和混合物,类别1;遇水放出易燃气体的物质和混合物,类别1
	锌粉			自热物质和混合物,类别1;遇水放出易燃气体的物质和混合物,类别1
	锌灰			遇水放出易燃气体的物质和混合物,类别3
7.10	金属锆		7440-67-7	易燃固体,类别2
	金属锆粉	锆粉		自燃固体,类别1,遇水放出易燃气体的物质和混合物,类别1
7.11	六亚甲基四胺	六甲撑四胺;乌洛托品	100-97-0	易燃固体,类别2
7.12	1,2-乙二胺	1,2-二氨基乙烷;乙撑二胺	107-15-3	易燃液体,类别3
7.13	一甲胺(无水)	氨基甲烷;甲胺	74-89-5	易燃气体,类别1
	一甲胺溶液	氨基甲烷溶液;甲胺溶液		易燃液体,类别1
7.14	硼氢化锂	氢硼化锂	16949-15-8	遇水放出易燃气体的物质和混合物,类别1
7.15	硼氢化钠	氢硼化钠	16940-66-2	遇水放出易燃气体的物质和混合物,类别1
7.16	硼氢化钾	氢硼化钾	13762-51-1	遇水放出易燃气体的物质和混合物,类别1

续表

序号	品名	别名	CAS 号	主要的燃爆危险性分类
8 硝基化合物类				
8.1	硝基甲烷		75-52-5	易燃液体,类别 3
8.2	硝基乙烷		79-24-3	易燃液体,类别 3
8.3	2,4-二硝基甲苯		121-14-2	
8.4	2,6-二硝基甲苯		606-20-2	
8.5	1,5-二硝基萘		605-71-0	易燃固体,类别 1
8.6	1,8-二硝基萘		602-38-0	易燃固体,类别 1
8.7	二硝基苯酚(干的或含水＜15％)		25550-58-7	爆炸物,1.1 项
	二硝基苯酚溶液			
8.8	2,4-二硝基苯酚(含水≥15％)	1-羟基-2,4-二硝基苯	51-28-5	易燃固体,类别 1
8.9	2,5-二硝基苯酚(含水≥15％)		329-71-5	易燃固体,类别 1
8.10	2,6-二硝基苯酚(含水≥15％)		573-56-8	易燃固体,类别 1
8.11	2,4-二硝基苯酚钠		1011-73-0	爆炸物,1.3 项
9 其他				
9.1	硝化纤维素[干的或含水(或乙醇)＜25％]	硝化棉	9004-70-0	爆炸物,1.1 项
	硝化纤维素(含氮≤12.6％,含乙醇≥25％)			易燃固体,类别 1
	硝化纤维素(含氮≤12.6％)			易燃固体,类别 1
	硝化纤维素(含水≥25％)			易燃固体,类别 1
	硝化纤维素(含乙醇≥25％)			爆炸物,1.3 项
	硝化纤维素(未改型的,或增塑的,含增塑剂＜18％)			爆炸物,1.1 项
	硝化纤维素溶液(含氮量≤12.6％,含硝化纤维素≤55％)	硝化棉溶液		易燃液体,类别 2
9.2	4,6-二硝基-2-氨基苯酚钠	苦氨酸钠	831-52-7	爆炸物,1.3 项
9.3	高锰酸钾	过锰酸钾;灰锰氧	7722-64-7	氧化性固体,类别 2
9.4	高锰酸钠	过锰酸钠	10101-50-5	氧化性固体,类别 2
9.5	硝酸胍	硝酸亚氨脲	506-93-4	氧化性固体,类别 3
9.6	水合肼	水合联氨	10217-52-4	
9.7	2,2-双(羟甲基)1,3-丙二醇	季戊四醇、四羟甲基甲烷	115-77-5	

注：(1) 各栏目的含义：

“序号”：《易制爆危险化学品名录》(2017 年版) 中化学品的顺序号。

“品名”：根据《化学命名原则》（1980）确定的名称。

“别名”：除“品名”以外的其他名称，包括通用名、俗名等。

“CAS号”：Chemical Abstract Service 的缩写，是美国化学文摘社对化学品的唯一登记号，是检索化学物质有关信息资料最常用的编号。

“主要的燃爆危险性分类”：根据《化学品分类和标签规范》系列标准（GB 30000.2—2013～GB 30000.29—2013）等国家标准，对某种化学品燃烧爆炸危险性进行的分类。

（2）除列明的条目外，无机盐类同时包括无水和含有结晶水的化合物。

（3）混合物之外无含量说明的条目，是指该条目的工业产品或者纯度高于工业产品的化学。

（4）标记“*”的类别，是指在有充分依据的条件下，该化学品可以采用更严格的类别。

附录四　实验场地标志

一、实验室常用的警告标志		
图示	意义	建议场所
	生物危害 当心感染	门、离心机、安全柜等
	当心毒物	试剂柜、有毒物品操作处
	小心腐蚀	试剂室、配液室、洗涤室
	当心激光	有激光设备或激光设备的场所， 或激光源区域
	当心触电	高压容器处
	当心爆炸	实验区域
	当心火灾	实验区域
	当心烫伤	热源处

续表

图示	意义	建议场所
	当心高温	热源处
	当心冻伤	液氮罐、超低温冰柜和冷库
	当心电离辐射 当心放射线	辐射源处、放射源处
	当心滑倒	
	固体废弃物	
	易燃	易燃易爆试剂存放场所
	有害废弃物	
	高压危险	高压电器旁

续表

二、实验室常用禁止标志		
图示	意义	建议场所
	禁止饮用	用于标志不可饮用的水源、水龙头等处
	禁止明火操作	用于实验工作区域
	禁止放易燃物	热源工作区域
	非工作人员禁止入内	工作区域
	禁止堆放	实验工作区域
三、实验室常用指令标志		
图示	意义	建议场所
	必须穿实验工作服	实验室操作区域
	必须戴防护手套	易对手部造成伤害或感染的作业场所，如具有腐蚀、污染、灼烫及冰冻危险的地点
	必须戴护目镜 必须进行眼部防护	有液体喷溅的场所

续表

图示	意义	建议场所
	必须戴防毒面具 必须进行呼吸器官防护	具有对人体有毒有害的气体、气溶胶等作业场所
	必须戴防护口罩	需要防护的操作区域
	必须穿防护服	实验室操作区域
	本水池仅供洗手用	实验室操作区域
	必须加锁	实验室操作区域

四、实验室常用提示标志

图示	意义
	安全出口
	紧急出口

续表

图示	意义
安全楼梯 EXIT	安全楼梯
灭火器	灭火器
119	火警电话

参 考 文 献

[1] 陈钧辉，李俊．生物化学实验．5 版．北京：高等教育出版社，2014.

[2] 徐跃飞，孔英．生物化学与分子生物学实验技术．2 版．北京：科学出版社，2021.

[3] 吴士良，等．生物化学与分子生物学实验教程．2 版．北京：科学出版社，2009.

[4] 王崇英，侯岁稳，高欢欢．细胞生物学实验．4 版．北京：高等教育出版社，2017.

[5] 邹方东，苏都莫日根，王宏英，郭振．细胞生物学实验指南．3 版．北京：高等教育出版社，2020.

[6] 苏纪勇，姚圆．蛋白质晶体结构解析原理与技术．北京：北京大学出版社，2020.

[7] 白玲，霍群．基础生物化学实验．2 版．上海：复旦大学出版社，2023.

[8] 魏群．分子生物学实验指导．4 版．北京：高等教育出版社，2021.

[9] Belansky J，Yelin D. Optimization study of plasmonic cell fusion. Scientific reports，2022，12 (1)，7159.

[10] Block MA，Maréchal E. Isolation of the inner and outer membranes of the chloroplast envelope envelope from angiosperms. Methods in molecular biology，2024，2776：151-159.

[11] Halder S，Jaiswal N，Koley H，Mahata N. Cloning，improved expression and purification of invasion plasmid antigen D (IpaD)：an effector protein of enteroinvasive Escherichia coli (EIEC). Biotechnol Genet Eng Rev.，2024，40 (1)：409-435.

[12] Hajibabaie F，Abedpoor N，Mohamadynejad P. Types of Cell Death from a Molecular Perspective. Biology (Basel)，2023，12 (11)：1426.

[13] Lu HS，Yang MF，Liu CM，Lu P，Cang HX，Ma LQ. Protein preparation，crystallization and preliminary X-ray analysis of Polygonum cuspidatum bifunctional chalcone synthase/benzalacetone synthase. Acta Cryst.，2013，F69：871-875.

[14] Spector DL，Goldman RD，Leinwand LA. Cells：a laboratory manual. New York：Cold Spring Harbor Laboratory Press，1998.

[15] Yoshii SR，Mizushima N. Monitoring and measuring autophagy. International Journal of Molecular Sciences，2017，18：1865.

[16] Piña R，Santos-Díaz AI，Orta-Salazar E，Aguilar-Vazquez AR，Mantellero CA，Acosta-Galeana I，Estrada-Mondragon A，Prior-Gonzalez M，Martinez-Cruz JI，Rosas-Arellano A. Ten approaches that improve immunostaining：A review of the latest advances for the optimization of immunofluorescence. International Journal of Molecular Sciences，2022，23：1426.

[17] Wang XB，Zhang CH，Zhang T，et al. An efficient peptide ligase engineered from a bamboo asparaginyl endopeptidase. FEBS J.，2024，291 (13)：2918-2936.

[18] Zweng S，Mendoza-Rojas G，Lepak A，Altegoer F. Simplifying recombinant protein production：combining golden gate cloning with a standardized protein purification scheme. Methods Mol Biol.，2025，2850：229-249.